心理学经典译丛·法国精神分析

U0659507

儿童精神分析研讨班·第2卷

SÉMINAIRE DE
PSYCHANALYSE D'ENFANTS 2

[法]弗朗索瓦兹·多尔多 著
Françoise Dolto

[法]冉-弗朗索瓦·德·索威尔扎克 编辑整理
Jean-François de Sauverzac

邓兰希 向文乙 译

北京师范大学出版社集团
BEIJING NORMAL UNIVERSITY PUBLISHING GROUP
北京师范大学出版社

目　录

第一章　技术·初始晤谈

七岁以下儿童的初始晤谈要在父母的陪伴下进行——父母的阉割——"寄生"在母亲身体上的孩子——在父母身上睡觉的孩子

参与者：您认为，不该在母亲不在场时对儿童进行治疗，对吗？

弗朗索瓦兹·多尔多（以下简写为"多尔多"）：事实上，这一条只针对很小的孩子。对于五岁以下的儿童，有时甚至是七岁以下的儿童，初始晤谈以及最初几次会面时，都需要家长在场。通常，只要孩子在我们接待家长的时候进进出出，捣蛋，对你说"怎么着，我就是要给你捣蛋"等，我们就不能把这些时刻称为儿童心理治疗。但尽管我们不能称其为心理治疗，它对孩子来说却是非常重要的。你们根本没见到孩子，不知道他多么焦虑和变化无常，你们只是见到了他的父母。如果一个未满七岁的孩子任意进进出出，就随他去吧。这其实是一个关于阉割的问题：事实上，是这个孩子在父母面前给了成年人一个阉割。如果精神分析家能够完全领会这一点，这些父母就可以站在分析家的角度，逐渐明白当下这种状况：他们的孩子不需要心理治疗，提出这样一个（治疗）请求的是他们自己，因为他们无法给孩子一个阉割。

这些父母需要理解自己的经历和他们当前欲望的意义。这个意义很多时候都是被强制性排除的，或者被投射到孩子身上。父母因孩子而痛苦，但他们并不了解孩子的痛苦。他们表现出的只有焦虑和抱怨。正是在初始晤谈里，父母可以谈他们自己的经历。

接下来，在之后的晤谈里，如果孩子（七岁以下）对你说"我想和你单独谈谈。我想一个人来这里，不希望爸爸妈妈也在"，你要问问他的父母是否同意。如果孩子坚持自己的请求，一旦治疗开始，他的父母同意你定期见孩子，你（可以）告诉孩子："可以。不过前提条件是你得付费。"这样一来，我们就和孩子签订了一份合约。这也是为什么象征性付费是必要的。在治疗之初，当他想一个人来谈话时，可能仅仅是为了夺取父母的位置。这个年龄段的孩子的积极性，只会在父母有积极性的时候出现。起初，通常只需要父母有积极性。对这个孩子来说，他需要的是阉割，而不是通过一种移情（transfert）的模式和成年人一起逃避阉割。例如："我把你当作我的爸爸。""我把你当作我的妈妈/我的叔叔/我的阿姨。"相反，孩子必须答应放弃投射（projeter），放弃对每个人散播这种伪乱伦的亲属关系，开始对自己负责。要做到这一点，只有在父母放弃通过孩子来展现自己的欲望时才有可能。

初始晤谈的必要性就在于此：分析家先同时接待父母，然后在他们轮流陪孩子来的时候单独见母亲或者父亲。如果这时，有想和你聊聊的家长说"他在这儿会让我很烦恼"，你可以请孩子出去。如果孩子回答"不，我要待在这儿"，你就告诉他："不行。你的父母在你之前就来到了这个世界上，比你先来。他们想和我谈谈关于你的事情。你的治疗接下来会继续进行——如果你还有兴趣进行治疗，想和我谈谈你自己。但是目前为止，你来这儿是为了好玩，也许是为了说说话，或者听爸爸妈妈说了些什么。"然后，你可以当着他父母的面做个诠释："这就好像当他们在床上的时候，你想知道他们说了什么、做了什么。"

这个工作，正是对父母自身的阉割。我们要引领父母将孩子当作一个平等的人，当作一个充满生活智慧的人。父母常把孩子当作一具需要安抚的躁动躯体，必要时会使用药物。总之，他们要重新调节孩子一下。孩子其实充满欲望，但父母仅仅把他看作一个没有调节好的、空有需求的躯体。

对于父母的阉割通常足以解决孩子的绝大多数障碍。比如说，我们了解到孩子会跑到父母的床上睡觉。我们会问："他这么做，你们谁会比较开心？"很重要的一点是，千万不要一开始就说孩子不能睡到父母的床上。我们首先要问："先生，这种状况到底要持续到什么时候？你想要和你儿子一直睡到他二十五岁吗？你呢，女士？你对此有什么要说的？""是啊，我们可能没看到他已经长大了。他把我们要得团团转！"这样一个"可能"接着另一个"可能"。然后，孩子进来了。"你来得正好，我们正在谈论你呢！我们不知道你是否还是妈妈肚子里的小宝贝，或者你想扮演一个要从爸爸那里抢走妈妈的人，或者想取代妈妈的位置待在爸爸身边。"听到这些，孩子走开了。父母开口道："您认为他想得有那么远吗？不，事实上，他一个人睡会做噩梦。"

五六岁孩子的心理治疗就是这样开展的。这些孩子还没有口腔驱力或者肛门驱力的升华，学校也没有教授升华的办法。这种升华的缺乏以及家长的不知情，促使孩子提出了治疗的请求。如果他不想吃饭，或者不想自己吃饭，母亲会喂他吃。这里就没有肛门阉割。这意味着每次孩子一有要求，母亲的手就取代了孩子自己的手来"做"事：孩子自身需要的行为仍然和母亲身体的行为混为一体。我们并不吃惊于这个孩子仍然在拉裤子。当然，他不是为了这个症状来的，可我们需要了解母亲所说的"懒得自己吃"以及孩子大小便不能完全自理这些事情，实际上是否是"为妈妈而做"的。我们需要和母亲一起开展工作。"为了"妈妈而做，"由"妈妈来做，"和"妈妈一起做，这使孩子不能从妈妈那里走出来，不能从与她的身体关系里走出来。

口腔阉割的效果在于，能够以自己的名义去表达，而不是单纯地说一些父母希望孩子说的话。它允许孩子拥有和父母不同的想象。肛门阉割的效果在于，这些孩子的行为不再受母亲的欲望和语言的驱使。孩子不再由母亲去做，和母亲一起去做，或为了反对母亲去做，而是为了自己去做。母亲依然在他身上，父亲也在他身上。三十个月大的孩子会像母亲一样照顾自己（s'auto-materne），五岁的孩子会像父亲一样照顾自己（s'auto-paterne）。上述情况只有在家长让他们自由发展的时候才有可能出现。

我们必须和父母共同工作，特别是要询问他们："当您像您的孩子这么大的时候，和父母的关系怎么样？""在我像他这么大时，父亲总是让我丧气。"一个父亲如是说。"也许正因为如此，您现在是一个丧气的父亲。（用他们的原话复述）实际上，如果您参军的话，情况也许会好一些。这样您就'入伍'①了。您的孩子就可以独享您的妻子了。"这位父亲笑了，因为我们加了点小幽默。

对这位父亲来说，这是深层次的工作，对在场的孩子来说亦然。尽管孩子还没有从个人的层面被牵扯进来，因为这里牵扯的是被孩子掩盖的欲望——属于父母其中一人的欲望。

如果面对的是七八岁的孩子，我们要告诉父母："你们必须清楚，是你们的孩子因为经受痛苦而要求为自己开始一段心

---

① 这里作者用的是"mobilisé"。在法语里，"mobilisé"有"入伍"的意思。同时，对应前文"丧气"（démobilisait）一词，这里"mobilisé"也可以被理解为"被鼓舞"。这是有双关含义的文字游戏。——译者注

理治疗，还是你们想借助和他的关系来寻求对自己的治疗。"如果这些父母想为自己而回来看你们，这也是一个要和他们一起进行的准备工作。有的门诊或者机构可以同时接待孩子和家长，有的则只允许成年人作为家长前来，并不会对他们进行治疗。我们必须告诉他们："我非常理解您需要和我谈谈，但是，在必要的初始晤谈之后，要么是您来，要么是您的孩子来。每个人都应该有自己的心理治疗师。治疗师不能同时接收孩子和他的家长。"家长应该去和另一个心理治疗师探讨。

从这个角度来说，获益最大的家长是那些希望孩子做心理治疗，但是却不愿为此付出的父母。我们得告诉他们："您是对的。"这些家长被孩子阉割得如此厉害，以至于他们不愿意再为孩子的欲望付出。他们给了治疗师自由行事的权力："我对您有信心。做您认为需要做的就好，我不想搅和进来。"太好了！在他们把能回忆起来的关于孩子的事情都讲述一遍后，八岁大的孩子就不再需要他们了，尽管作为监护人的他们还是必要的。我们仅用告诉家长："那就做您想做的，以及您能做的。但是如果您愿意，事态严重时，您不妨给我个信儿。您可以给孩子一张纸条，封在信封里让他带给我，如'我给了他一巴掌''我把他赶出去了'。"

我们可以和孩子一起反观曾经发生的那些事，帮他接受自我。这取决于父母的态度，比方说在父母喜欢严厉惩罚的情况下。这样的话，父母就会明白他们仍然是孩子的教育者。我们会告诉父母："无论你们做什么，'此刻'你们都是正确的。你的孩子因为过去的事情和关系而痛苦，但是对于现在发生的，他需要去面对，并且只能这么做。"作为心理治疗师，我们应该通过倾听来帮助孩子恰当地表达，同时帮助他们适应当前的教育模式，适应他们曾经认为是"理想化自我"的监护人。现在，这些成年监护人在孩子看来和芸芸众生一样，有着自己的难题、焦虑、欲望以及责任。孩子九岁之后，爱父母就并不意味着将他们作为榜样。俄狄浦斯期之后，每个孩子都会建构起自我的标准（idéal du moi）。这个标准不再以某个成年人的化身为准。通过参照这样的标准，孩子想要成为他这个性别的而不是异性的成年人。通过对梦和幻想的分析，俄狄浦斯期被超越了。这些梦和幻想日复一日地对照于现实的体验，以及现实所带来的考验。

参与者（女）：我想问一个和七岁以下的孩子进行初始晤谈的问题。您之前谈过，有的孩子会在晤谈中出去。有时情况恰恰相反，孩子会爬到母亲身上，扯她的头发，趴在她的膝盖上。我们没办法与母亲交谈。在这种情况下，我们应该怎么做？

多尔多：这其实已经让我们了解到很多东西了！因为如果没见过他们的行为举止，我们就不知道要面对些什么。当然，这也使晤谈报销了。你可以当着孩子的面，让母亲改天一个人来。只有在孩子不在场的情况下，你才能和她说上话，因为孩子就是会在那里纠缠她。他听得很一清二楚，可没办法理解，或者只能简单感知我们所说的是否和他有关。他完全不希望走出乱伦的关系，不希望放弃作为母亲身体主人的角色。这个孩子没做好断奶。没有妈妈，他自己就是不存在的。如果母亲希望孩子得到治疗，首先得独自来为自己谈一谈。

得笑着对待这一切，不要生气，哪怕只是出于为母亲考虑。这些母亲在她们认为有价值的人面前，在心理治疗师面前，因为感到被孩子像口香糖一样咀嚼而痛苦。她们就这样不幸地被撕咬，被蚕食，被孩子身体内的"老鼠"攻击。我们要安慰她："他多爱你啊。"我们要和孩子说："你多爱你妈妈呀！你这么爱她，甚至都不愿意让她和别人说话。"我们可以再对着母亲加上一句："现在没办法继续了，但这能使我看到你们在公共场合中的举止。这很重要。下次你能一个人来，或者和先生以及孩子一起来吗？"同样的场景在父亲在场时肯定还会上演，因为第三方被排除在外了。在很多这样的案例中，父亲不被承认是第三方。父亲、母亲、孩子组成了大嚷大叫和手舞足蹈的大杂烩。如果孩子排斥第三方，有可能是因为从一出生，或者进入社会后，他们没有感到自己和别人一样都是有价值的对话者。他的行为也有可能源于和俄狄浦斯期相关的支配驱力。或许对他来说，他所学到的所谓社会生活的语言没有别的功能，只有作为成年人部分客体（objet partiel）这个功能。或许他在社会中被忽略了，他感到自己不过是一个宠物。

如果一个孩子总是听到别人对他说"闭嘴！做这个！别做那个！"，当他三岁时，就会对母亲说："闭嘴。哒哒哒。"母亲会生气地给他两耳光："放肆！无礼！"但他并不是无礼，他不过是说了他听到的语言，他的母语。人们相爱，以近乎肉搏的方式无间地拥抱和抚摸。人们相互攻击，需要牺牲别人来获得愉悦。正是这种镜像游戏组成了二元的亲密关系。有他人在场的时候，这个孩子会感到被排除在外，因为既舒适又带有爱欲性的关系只存在于两个人的孤寂之中。

因此，在和母亲的晤谈中，如果孩子不在场（尽量让父亲在场），你就可以了解为什么孩子从来不处在作为有价值的对话者的位置上。这也许因为父母从来没给他讲述过他的以及他们的故事，也许是因为他还没准备好来做咨询，也许是因为他还不知道父母对他的成长的担心。

安排孩子去见治疗师——好像去见"朋友"一样，就好比在对孩子说："你帮妈妈做媒，去给爸爸戴绿帽子吧。"这正是我们让他听到的，因为治疗师被看作比母亲的丈夫更能理解她，并且提供更好的建议的人。在很多时候，父亲都完全同意去找这么一个人，无论这个人是男是女。只要让这个人来负责改变孩子的行为举止就行了，只要不把自己牵扯进去就行了，只要让他对将要发生的事情一无所知就行了，哪怕要付出被戴精神绿帽以及放弃父性位置的代价。

大家由此看到了夫妻关系中的模糊地带，看到了父母关系的模糊地带。这些模糊地带是我们要在初始晤谈中弄明白的。无论初始晤谈是如何开展的，从某种层面上说，它都是一种教导。

重要的是，我们自己不能模糊不清。对孩子来说，我们不是"可以和你玩耍的友善的女士或者先生"。我们并不是作为医生、心理咨询师、训练师来接待这些孩子的，哪怕我们有这些头衔，我们是承担起一段带着治疗指向关系的精神分析家，要接受他们的咨询，帮助他们调整焦虑状态。这些焦虑构成了他们的痛苦和困难。这不是以出其不意的方式来接待的问题，也不单单是"承担治疗"的问题。后者是一种虚假败坏的表达方式，一些机构经常使用。它们将自己当作社保①，以社保报销一切费用为托辞。

孩子在接受治疗时，如果父母在家阻碍他说话，或者指责他，我们得对孩子说："你可以相信我。你到这儿来是为了和我说你要说的话，说所有真的和你编的东西。这是你我之间的秘密。我不会把这些东西告诉别人，哪怕是你的父母。如果我见了他们，说了些涉及你的事情，你有权知道是什么。但如果他们只是为自己而来谈话的，我不会告诉你说话内容，除非是和你的生命有关的重要事件。"必须让父母和孩子之间的话语流动起来，单纯的身体连接会阻碍话语。

有时我们会看到，有些孩子哪怕已经很大了，还要爬到母亲或者父亲身上，并且在咨询的时候睡着。这很好。他能通过和母亲或者父亲融为一体的方式听到这些话。这就像他还是胎儿时待在子宫里，或者是小婴儿时被父母抱着。他其实听到了

---

① sécurité sociale，按字面翻译是"社会保险"，在法国则是指"医疗保险"。——译者注

我们的对话。母亲尝试解释孩子的睡眠："您知道，他一出门旅行就睡觉。"我们则可以对孩子解释："对，你睡着了，但和平常的睡眠不一样。你现在睡觉，就像是为了回到妈妈肚子里，或者通过一个大人来听一听我为了你而讲给他听的事情。"这时，我们常能注意到他会打哈欠。他不得不重返催眠状态，通过母亲去倾听周围的世界。

这些最开始的晤谈非常重要，千万不能忽视。孩子会难受到麻木，因为某些事情而备感痛苦——这些事情在母亲那里没有被阉割。母亲完全没有能力给予这些阉割，特别是关于"做"的肛门阉割——在没有妈妈的时候怎么"做"。

如果一个超过两岁的孩子不能待在母亲身旁，或者一直睡在母亲的膝头，如果在母亲说话时孩子不自己去玩橡皮泥，我们就没有办法和母亲进行晤谈。孩子可能会把脏东西放到妈妈的两腿之间。这种情况说明问题在母亲那儿，而不在孩子那儿。完全没必要让孩子独自承担这一点，完全没必要责骂孩子，或者任由母亲责骂他。正是母亲把孩子置于这样一个位置的，因为母亲"需要"他。

此时，我们要和母亲开展一个工作，一个关于她的母亲、她的童年以及她和丈夫关系的一系列问题的工作。在面对丈夫时，她的位置可能就像小女孩面对主人时的位置。他肯定不怎么管孩子，而孩子像围困堡垒一样围困住母亲。这样一种力比多式的情况会阻碍孩子以"我"自称，阻碍孩子成为面对他人时的主体。

通常，这样的孩子的家中不再有父亲——哪怕他就睡在属于父母的那张床上。这样的夫妻已不再是爱侣。这也是为什么停留在孩子位置上或者重新变成孩子的女性，准备好了对治疗师（男性或女性）发展出强大的依赖移情。她们会对治疗师谈母性焦虑。有时，我们也会发现父亲发展出了对治疗师同样类型的信任移情，不存在任何矛盾情感（但这并不是我们所希望的）。这表明孩子要么是父亲的大忧，要么是父亲的大爱。①

---

① 本书所讨论的案例主要基于欧州文化背景下的儿童精神分析领域专业探讨。——编者注

第二章　临床·恐惧症

昆虫恐惧症的起源；水恐惧症——恐惧认同；羽毛恐惧症——音乐恐惧症——一个成人的儿童神经症分析："猫女"

参与者：在儿童的动物恐惧症中，我们特别关注过昆虫恐惧症。这是一个跟年龄有关的问题吗？这种恐惧只有儿童才有吗？

多尔多：对，这跟年龄有关。在一定范围内，健康成长的孩子六个月大时对昆虫最感兴趣。昆虫越小，婴儿对它们越感兴趣。您注意到了吗？

参与者：我们观察到的恰恰相反。

多尔多：那是因为你们治疗的是神经症的孩子。我跟你们谈的是健康的孩子。假设桌上有两个物体，一个大的和一个很小的。吸引孩子的会是那个很小的，绝对不是那个大的。至于动物，同样如此。大动物没有小昆虫那么吸引孩子。苍蝇、跳蚤、瓢虫，这些就是婴儿感兴趣的。由于在成长过程中没有人和他们谈论这些东西，由于这些吸引他们注意力的东西没有成为交流的对象，这些东西就不存在于他们和父母的关系中。因此，对孩子来说，这些东西没有存在的权利。

孩子对昆虫的兴趣就这样被压抑了。这种压抑可能十分危险。如果父母没有从孩子的行为中注意到什么，这是因为他们甘愿视而不见。如果他们不重视，不认为谈谈这些情况有益于孩子的成长，那么这些事情就不能被人格化。我认为，正是因为这样，它们才在孩子那儿变成了幻想性的。

还有一个因素。没有什么比脸上没擦干的水更能使人发痒了。如果你们不了解这种感觉，可以体验一下。这正是母亲给婴儿洗澡时，或者没擦干他们的脸时婴儿的感受。孩子会表现得好像有小虫子在他们身上爬。这就像母亲在他们的脸上放了一些小虫子。

成年人在双手潮湿时没有这样的感觉，但婴儿全身，包括双手都能体验到。婴儿的皮肤比成年人脸上的皮肤还敏感。正因为如此，我在思考，这是否就是蠕动的昆虫让人恐惧的原因。我不知道这个想法是否正确。恐惧症总是与母亲有关，跟她为了自己的愉悦而强加给孩子的一些东西有关。孩子全身发痒能给她带来快乐。

我们对这些事情不太在意，但对孩子来说，它们属于日常折磨的范畴。

参与者：这些小虫子在某种角度上是否被爱欲化了？

多尔多：母亲的所作所为，所有因她而起的事情，对孩子来说都被爱欲化了。当有小虫子在手上爬动时，会让人发痒。恐惧症的源头或许正是母亲所引起的孩子皮肤的轻微发痒。

恐惧症是恐惧成为我们想要成为的对象，即在渴望成为某物的同时害怕成为此物。因为力比多的原因，恐惧症的这种情况始终如一："如果成为这个让我害怕的对象，如果认同于它，我就可能拥有万能的力量。这种力量是在生命中的某些时候，另一个人在我身上所施加的全能。然而，依赖于这个我害怕的对象，我会变得不再是我。也就是说，我会失去我的真实性。"

恐惧症的矛盾就这样产生了。这种病确实很严重。一个有猫恐惧症的人可能会因为看到一只猫而惊慌失措，被车轧死。许多人都害怕老鼠、昆虫、蜘蛛等。对主体来说，这是一种内在的危险，而所有的内在都涉及与内摄母亲的关系。

参与者：但是，昆虫恐惧症太普遍了，以至于我们不得不考虑，其源头是否真的存在于婴儿与母亲的关系之中。

多尔多：说到底，母亲自己也曾是婴儿！这是同一个问题：始作俑者是谁？母亲并不认为早晚给孩子洗脸是在往孩子脸上放蜘蛛。但是在孩子还不能表达自己的感受时，这里就有母亲强加给孩子的某些感知。他们的脸变成了蚂蚁乱蹿之物。这可能也是孩子不喜欢洗澡的原因之一。这很特别，因为哺乳动物喜欢戏水，也喜欢洗澡。唯独人类对水有一种厌恶感。我看到的水恐惧症，总是出现在出生时难产的人身上。把头浸在水里，意味着要冒失去一切把控的风险。我认为，恐惧症与出水时因未能擦干自身而引起的不适相关。

对孩子来说，动物反而有一种优势，即能不带罪恶感地呈现出同类相食冲动、相互攻击冲动。动物不了解罪恶感。漫画中的人物，如超人、女超人，也是一样的：他们不是现实存在的生命，所以完全没有罪恶感。他们能够表现出人类无法付诸行动的冲动，服务于人类施虐受虐的想象。我们在儿童以及成人那里都可以看到这些想象。

这正是吉卜林①的艺术：使动物人性化（humaniser），从而向孩子指出自然生活所蕴含的寓意。这是我们不会在成年人身上培养的东西。确实，孩子会认为有些东西很好，并不会伤害任何人，可我们却教他们说这是不好的东西。当制止他们说某些话或者乱说话时，我们会说："别说了！"那好吧，如果不能说，他就会去做。说不可能是坏事。我们仅仅需要指出："对，可以说，但不能去做。"良好的语言沟通就是文化。孩子学习词汇、语法，也许能用多种语言进行自我表达。如果他通晓三种语言，甚至可以自由运用，能用一种语言表达不能用另一种语言说的东西，这可能是一种倒错。这就是文化。文化总是以升华为基础。话语包含对冲动的升华，对不能自我实现的冲动的升华。文化也以对能力或成就的理想化为基础，我们把这些能

---

① 鲁德亚德·吉卜林（Rudyard Kipling，1865—1936），生于印度孟买，英国作家及诗人。——译者注

力和成就归于那些不具有人类伦理的生命。

恐惧症研究要同时考虑到（恐惧的）对象和主体的年龄。恐惧对象似乎——至少根据我在成年人那里得到的经验——出现在俄狄浦斯期之前。但正是在俄狄浦斯期，对象才变得更优先——如果可以这么说的话。于是，它成了焦虑的主要因素。随着俄狄浦斯期的到来，整个环境改变了恐惧存在的风格。一个打小就恐惧什么的人已经从他的症状中找到了一些继发性获益。在恐惧症中，人们总是有这样的获益：这是一些补偿，对以施虐为主的报复态度的补偿，或者正好相反，是对周围人的怜悯态度的补偿。所有人都围着孩子转，以恐惧之名将他进一步囚禁在恐惧之中。

我记得有一个刚开始走路就有羽毛恐惧症的女孩。在她学走路时，她的母亲，一个有强迫症的女人，开始在所有她打扫过的地方放上羽毛，目的是吓唬小女孩，不让她乱碰。这么做对母亲来说实在太方便了。屋子里满是羽毛，桌子上和家具上也都是。这个孩子疯了，被领到了医院。她在家里什么都不能碰，只能抱着合拢的双臂，不停地叫喊，用话语攻击母亲。她捣蛋，惹人讨厌，同时拒绝一切。她对父亲的爱越发强烈，整天都在等他。父亲在家时，她就用强烈、娇媚、声讨的方式黏着他，时而哀怨控诉，时而兴奋赞扬。父亲什么也做不了，女儿一刻也不让他安静。父母总是因为她而不停争吵。

你们看到问题了吗？一定要找出发生了什么。在这个案例里，问题在于母亲对恐惧症的利用。打扫卫生时，她在这儿放一根羽毛，在那儿放一根羽毛，把孩子吓得只能待在屋子中央，不敢靠近任何家具。对她来说，她还剩下什么？爸爸。母亲还没有想到给这只鸟披上羽毛！对这个孩子的治疗主要是与母亲一起进行的。为什么她来咨询？她说家里是地狱。（她不谈羽毛。）之所以是地狱，是因为父亲总认为女儿有理。老师说孩子在幼儿园什么也不学，父亲呢，则表示女儿以后有的是时间学习，现在她才四岁。他还说幼儿园并不是真正的学校。周日，当母亲做家务的时候，孩子就和父亲一起去散步。

这个女人作为母亲来说其实一点都不成熟。问题就在这儿。她结婚了，但完全就像小母鸡嫁给了公鸡。然后孩子出生了，而且是一个超出她的能力范围、她无法养育的孩子。女孩的故事始于宰杀母鸡。母亲在孩子面前拔过鸡毛。十八个月大时，女孩从母亲面前逃走了，因为她害怕被宰杀和拔毛。在一定意义上，母亲就是这么对待她的。母亲让小女孩炫耀（serengorger）①她对父亲说过的表达爱的话语。这个女人是这么评论女儿的："对，但是，不是吗，她说她要和我的丈夫结婚。那我呢，我变成了什么？他们不再需要我了。得到爸爸温柔爱抚的是她，而不是我了！"她的孩子才五岁。我说这个，是为了说明这位母亲的不成熟。一些恐惧症就是从这里开始的。

还有一个没有任何自理能力的孩子。他三岁了，无法用话

---

① serengorger，指鸟类昂首挺胸，神气活现。该词与上一句中的"割喉宰杀"（égorger）一词在法语中有相似之处。这两个词都含"gorger"这一动词，意为填食，吃得齐喉咙。"gorge"指喉部。——译者注

语交流，沉浸在可怕的焦虑神经症中，对音乐充满恐惧。据母亲说，他还是婴儿时，听到音乐就会吼叫。后来，这就成了常态。我见到他时，他一直强迫性地分开又合拢双手，手指相背。他不与人进行眼神交流，只是大声地、用单调的语气重复"音乐！音乐！音乐！"。我倾向于认为，这是精神分裂症患者的行为。

这个悲伤的故事背后隐藏着什么呢？其实很简单。孩子是意外怀上的，他的双亲已交往十年。母亲不是父亲的妻子，他偷偷摸摸地来与她过夜。他已婚，有六个孩子。当情夫来只有两个房间的屋子看她时，这个女人会播放唱片，而且放的是非常狂欢喧嚣的音乐。这样一来，邻居以及后来他们生下的孩子就听不到他们的欢爱声。

在这个场景——原初场景——中，孩子用他双手的动作，用他紧张的声音，用他好像被恐怖刺激到的眼神进行模仿。我花了很长时间才理解他。

孩子变成了精神病人。这本来是可以避免的。母亲最主要的问题是在工作之外，完全处于孤独的状态中。她的情夫就是她的老板，身边没人怀疑他们的关系。她没有家人，也没有朋友。她的孩子被托儿所开除了。

我们要在早期恐惧症的背后寻找父母的角色，研究他们是怎样利用孩子的恐惧客体的。一定要了解对孩子来说，这个客体是如何变成享乐和害怕的同义词的。在上述案例里，母亲很清楚为什么孩子害怕音乐。因为音乐是敌人存在的唯一能指，正是这个敌人将母亲从家里偷走了。母亲过了很长时间才说出此事。在头几次会面中，她只是说："我不知道。他不能听音乐，而我是如此热爱音乐！他一听到音乐，就好像疯了一样。"她有一种成为单身母亲的极端罪恶感。这个孩子曾经是她所有的幸福，现在则变成了她的不幸。她一直容忍着孩子的行为，上了托儿所后，这才公开成为保育人员的难题。保姆也拒绝带他，因为他完全没有自理能力。

我们可以肯定，在很小的孩子那里，恐惧症涉及母亲的不成熟和罪恶感，或者与某个困境相关，或者与某种长期创伤性境况相关。我们必须了解这些情况。如果时间充裕，而且孩子享有教育性的支持，我们可以凭借精神分析澄清原始的压抑混杂的情感，使病人从困境中解脱出来。

我认为，大部分儿童精神病都植根于早期的恐惧症。孩子开始让医生和老师担心时已经太晚了，但我们也只有这时才能见到患者。恐惧症的意义和对象此时已经很难被识别了。医生低估了父母的焦虑，这些焦虑涉及婴儿让父母不舒服的行为。同时，医生又强调婴儿的胃口和体重都正常。老师则只是指出孩子那些让他们也让其他孩子难以忍受的行为。

我曾经以弗洛伊德派最经典的方式分析过一例恐惧症。我有时会与患者连续晤谈几次，但她始终沉默，没有任何想法。我也沉默，偶尔说几句鼓励她分析的话。这是她无意识抵抗的一种特殊形式。这个女人有猫恐惧症，但只怕公猫。只要看到公猫，她马上就会陷入恐慌状态。母猫则不会对她造成任何影响。因此，有猫在场的时候，她能够辨别公母。

这不好笑。这很严重，因为她好几次都差点被汽车轧死。伴随着惊慌恐惧，她的脖子会肿胀，变得和脸一样宽，甚至撑掉衬衣上的纽扣。这时，她会用疯狂突然发作留给自己的不多的理智，藏到供车辆通行的大门下。在意识的边缘，焦虑蜂拥而至。她非常清楚这会有什么结果。她不止一次看到，猫到处乱跑，差点引起车祸。奇怪的是——这也让她非常尴尬，当她藏在通车的大门下，总会有男人过来对她说："女士，我能帮您吗？"①当然，帮忙就是指和她睡觉。在一次晤谈中，我见到了惊恐发作状态后的她：脖子肿胀，双眼发亮，眼球突出，声音全变了。晤谈结束时，她又恢复了正常。

她是一个很聪明的女人，细腻敏锐，但病得很重。她带着这样的恐惧症生活，但在头几次会面时，她并没有和我讲这些。她是为了另一个症状来做精神分析的：她患有抑制不住的阴道痉挛。她爱着某人，希望能治愈这种痉挛。

她和一个不错的男人有过十五年的婚姻，给他当助手。他们相爱并且相处融洽。但因为无法医治的阴道痉挛，他们之间没有夫妻之实。丈夫死后，她开始自己谋生。她和丈夫的一个朋友找到了她，执意追求她。他是鳏夫。当他礼貌地求爱时，一切都很好。比如，他对她说："我从没见过一对夫妻像你们那样和睦。"但当他不只停留在口头上，在行动上也渴望拥有她

① 字面意思是"我希望为您服务"。——译者注

时，她的阴道就开始痉挛。痉挛的程度甚至使他认为她仍然保持着童贞之身。不得已，她承认自己从没和丈夫行过房。那位男士暗示她："听我说，我是那么爱你。"她也一样，很爱他。"不然去看看妇科医生？你的身体应该有些不正常。"

结婚时，她去看过妇科医生。医生没有问她任何问题，没有给出任何解释，只是当着她的面对她丈夫说："她还年轻，会好的。"过了一段时间，这个细腻的女人觉得丈夫过得极其痛苦，因为尽管医生那样说了，但五年后她还是没好。她认为自己是残疾人。她爱他，决定给他自由。她买了一张到伊斯坦布尔的火车票。她有一个姐姐住在那儿。她什么也没有告诉丈夫，拎起箱子离开。奇怪的是，丈夫平常晚上才回来，但这个下午他迫不及待地要回家。人生总有很多无法解释的事情。一见到门卫，他便问："我太太在家吗？我回来得早了些……""她刚拎着箱子往那边走了。"门卫指了指地铁的方向。在一种预感的驱使下，丈夫跑向了地铁站。她确实带着箱子站在站台上。"你在做什么？""你不能再和我这样的女人一起生活了。我本来想到那儿后给你写信，让你过自己的生活。""我不敢坦白，不过既然你和我说了……确实，这对我来说太痛苦了。但是我爱你，我需要你。如果你愿意，我们继续一起生活吧。我永远不想让你尴尬，我不能没有你，只是如果我偶尔没回家，你什么也别问。"

他们协定继续一起生活，两人都工作。只有在度假的时候，我这位叫亚力桑德拉的病人才会瞥见和丈夫私通的女人。

那个女人很低调。她和他们住同一家酒店——他们比较富裕，从没在他们的夫妻生活中制造过事端。正是与这个女人的私情使亚力桑德拉的丈夫能够留在她身边。这种情况持续了十年。亚力桑德拉一直不知道丈夫的情人姓甚名谁，在丈夫去世之后也不清楚她的消息。

当意外重遇他们的律师朋友冉时，亚力桑德拉已经守寡十年了。为了心爱的男人，她想要治愈阴道痉挛。她现在知道这背后应该存在心理上的原因。我们见面时，她已经五十二岁了。她告诉我，在男朋友的建议下，她去看了一位妇科医生。医生说："可怜的女士！您绝对是残疾的。这不是任何人的错。这是您身体的错。只要通过一个手术，事情就能解决。我来给您做这个手术。"

她非常高兴，何况这位医生是名气颇大的外科手术权威。医生用海格式扩张器给她做透热治疗，肯定地说："现在一切都好了。"她与冉相见，说："瞧！医生说现在一切都好了。"他们努力了一番，结果还是和以前一样。她重新去见医生。这次，医生说："这是因为你等的时间太长了。"他又做了一系列透热治疗，宣称"今天就得做爱"。这其实很奇怪，但医生什么也不明白。她满怀自信，与冉重聚。这一次，她的身体仍感到紧张，产生了疼痛的痉挛。

她再一次回到医生那里。可能是因看到自己的预后以这种方式被否定而伤了自尊，医生狂怒："太太，别再来烦我了。我不治疗疯子！您无可救药。我的工作都白做了！"

她已经在巴黎见过两位精神分析家了，他们对她说的都一样：五十二岁，已经太迟了。她去了美国。回答也一样。不知道谁跟她说："也许在巴黎，您能去看看多尔多夫人。"肯定是因为我既是成人的精神分析家，也治疗儿童。于是她来看我了。这并不荒唐，这是儿童神经症，但到最后我们才知道。我得说，决定替这个女人做精神分析的原因是我对她深深的同情。她走路的方式很奇怪，就好像穿着一条很紧的裙子。她有一米六五，尽管依然窈窕，却总是抱臂在前，走起路来步子很碎，像三岁的孩子。对于五十二岁的女人来说，她的面容、双手和整个外表都极其年轻，尤其是皮肤，完全就是三十岁女人的皮肤。她微笑起来，一副羞答答的模样。她的眼神单纯而敏感，渴求帮助。

　　我对她说："听着，我不知道能不能帮到您。但是，我愿意试试。"我想：这个女人也许只是巨型小女孩。即使是从生理上讲，她身上也有一些停滞的东西。为什么要拒绝她的请求？我相信方法，相信精神分析，相信自由联想。我开始听她倾诉，仅此而已。每周三次晤谈，每次五十分钟，持续了一个月。一个月后，我同意接着聊。就这样，我们开始了一段经典的、持续了三年半的治疗。

　　第一个月，她谈了二十五岁到四十岁之间与丈夫共度的幸福时光。朗诵会，演奏会，参观博物馆，朋友聚会，惬意的晚宴。那是她内心深处秘藏的一段温馨经历、一段爱恋、一段友谊。之后是她对亡夫无尽的哀思和惶恐。他比她大十五岁，猝死于心脏病。后来，她与同样单身的姐姐重逢。她决定——不幸的决定——两人联手做进出口贸易。姐姐需要一个出气筒，她利用了我的病人的艺术才华。我的病人表现得顺从，但并不傻。亚力桑德拉回忆这一整段生命历程时，用的是一种叙事的语气，没有显示出大的情感波动。一个月后，从我们定下合约开始——如果可以这样说的话——这位病人才真正进入精神分析，同时暗示了对猫的恐惧。不过，她并没有真正开始讲自己的恐惧症。对于她来说，这是次要的。

　　在她的谈话中，不可思议的创伤一个接一个地蹦了出来。创伤性事件其实是性创伤，但她并不明白这一点。在缺乏人类生殖欲望幻想的人那里，它们属于被家庭情感打击的范畴。我们将会看到，这些性创伤中最古老的那一个，她最后叙述的那一个，是如何涉及猫的。

　　亚力桑德拉是来自俄罗斯的移民。我刚才说了，她与姐姐合伙做意大利丝绸刺绣贸易。她们在法国缝制衣裙。亚力桑德拉设计刺绣花样，姐姐主管销售，尤其是在美国的销售。亚力桑德拉是她可怕、暴躁又脆弱的姐姐的猎物。姐姐也是寡妇，她再婚过，然后又离婚了。她们之间的故事骇人听闻。我的病人带着同情承受着姐姐的暴戾，实在忍无可忍时也只能以泪洗面。这段悲惨而激烈的关系确实耗干了她的力比多。在这段关系中，爱和负罪感错综复杂地纠缠在一起。她们被绑在一起，因为法律上的、客户上的、利益上的原因，彼此不可分割。

　　现在来讲讲性创伤。每次她讲一个，我都会对自己说：

"不可能啊！在回忆了那么多创伤后，她应该好一些的。"这些叙述无一不使人焦虑，无一不考验人。叙述的间隔是沉默，就像一朵没有时间和空间标记的云。她的任何婚前记忆都不会自发地重现。她和丈夫是如此幸福，他们心心相印，这就是全部。

一天，她说："我给您画了一幅画，让您看看我多么爱我的丈夫。"她把画递给我后躺到了精神分析椅上。画上有一个跪着摘雏菊叶的小女孩。我问她是否可以讲讲她的画，于是她告诉了我和丈夫的情人有关的故事。度假时，在他留给那个女人的下午，亚力桑德拉独自一人去乡下。"我喜欢找小雏菊。我一边跪在草丛中，一边反复说：'他爱我，他有一点爱我，他很爱我，他狂热地爱着我，他一点也不爱我。'当花瓣被摘完而话落在'一点也不'上时，我会连忙去采另一朵，希望这次话能落在'他狂热地爱着我'上。"你们看，这个小女孩在对丈夫玩这种游戏。这幅画其实表现了她抵御恐惧的方式，抵御别的女人可能夺走丈夫的恐惧的方式。我没有告诉她我的联想。我想到了"洋娃娃—花"①。可以想象，如果丈夫抛弃了她，这个女人的自恋会丧失殆尽。在这个世界上，她只有他。离开俄罗斯已经让她失去了外婆、父母，移民让她失去了祖国。她正是在这个过程中与姐姐离别的。

---

① 我们能在弗朗索瓦兹·多尔多《欲望的游戏》(1981)中看到借助于洋娃娃—花展开的精神分析治疗。

值得注意的是，随着治疗——这个过程中我什么也没说——她重新找回了智慧。她以前很聪明。小时候，她有一个瑞士女家庭教师。她曾在波兰继续学业，后跟随父亲逃亡到维也纳。她完成了中等教育的学业。但是，她声称从那以后自己就变蠢了。幸好，她在法国遇到了她的丈夫。他非常聪明，很有学问，讲起话来滔滔不绝。她孜孜不倦地听他讲，要他"再讲讲"。他找来一些书，跟她解释需要明白的地方。她变成了皮格马利翁[①]面前的小女孩。

她的男友冉也是一个有学问的男人。这个爱慕她的男人是她提出做精神分析的最初原因。通过和冉在一起，她重新找到了思想交流，就像以往她和丈夫之间的交流。就这样，在治疗期间，她重新变得渴望学习。在释放内心压抑的同时，她开始去卢浮宫学院进修一些课程，并继续自己的工作。对她来讲，这极其困难，但她还是成功了。与这种饱满的意识生活并行的，是过去一些接连发生的创伤在精神分析中重现了。阴道痉挛问题、丈夫情人的故事、地铁里丈夫阻止她离开的场景，在这些之后，她不知不觉地谈到了性。

亚力桑德拉十六七岁的时候，母亲去世了。当时，她与父亲生活在一起（住在中欧的一个国家）。一天，在洗衣妇那里放下衣物后，她回到了家。父亲叫住她，她惊骇地看着父亲拿出

---

① 希腊神话中的人物，在这里指教导无知或是被认作无知而又被他所爱的女性的男人。可参见萧伯纳的话剧《皮格马利翁》和据此改编的电影《窈窕淑女》。——译者注

左轮手枪说:"如果那个男的再和你说一次话,这个就是给你的。"她回答:"他们对我说话又不是我的错。""是的。但我看到你回应了。"原来他透过窗户紧盯着她。他看着她去了洗衣妇那里,出来的时候,一个年轻人在门外等着,陪她走了十几步路。她试着让父亲对男孩产生好感,说:"他也是俄罗斯人,在洗衣妇那儿见过我一次。""我看透了他的伎俩。"事实上,小伙子之前从来没有和亚力桑德拉说过话。这是他头一次敢这样做。他有次问洗衣妇:"这位美丽的年轻女子是谁?"洗衣妇对他说了。他鼓足勇气问亚力桑德拉:"我很希望被引荐给您的父亲。我们能约会吗?"她那时二十二岁。小伙子是俄罗斯移民,有学问,与她境遇相同。然而父亲对她说:"只要我还活着,就绝不允许你结婚。""万一你有这种想法,这个就是给你准备的,然后就轮到我自己!"他指着左轮手枪补充道。

你们看到了,创伤来自嫉妒的父亲粗暴的情感。之后,父女俩来到法国。她开始在家中做一些翻译工作,以此营生。父亲很快去世了,她孑然一身,继续为出版商做这份工作。就这样,她结识了她的丈夫。她待在家里协助他工作。

丈夫去世后,她才开始与姐姐合作。亚力桑德拉十二岁时离开了姐姐。这次分离以及伴随这次分离的情境对她来说是一个重大的创伤。但她早已忘得一干二净。这个创伤在叙述父亲用左轮手枪威胁她这个场景之后才重现。

为了让家人趁夜渡江,父亲付给蛇头高昂的费用。我记不清是哪条江了。到了对岸,他们就能离开俄罗斯了。四个女人——外婆、妈妈、二十岁的姐姐，还有亚力桑德拉——需要先离开，父亲稍后与她们会合。

我的病人花了很长时间才能讲出这件事。她一度什么也说不出。先是一周的沉默，然后是两周的沉默。我总是在恐惧症患者的分析中看到这种情况，很奇怪：正谈着，突然就沉默了，有时分析者甚至都没有察觉到。亚力桑德拉说："医生，我在浪费您的时间。""我想不出什么东西，没什么要说的。"我对她说："耐心些！耐心些！会有一些要说的东西在您的记忆中重现的。至少您应该像我一样耐心。""病人"①这个名词的价值也正体现于此，如同在方法上充满信心的精神分析家的被动性。

病人的讲述在夜里上船时停了下来。之后便是一个悲剧：姐姐拒绝上船。与此同时，亚力桑德拉有了一个发现。她发现了姐姐对一个不愿离开祖国的年轻男子的爱——他选择了革命，而她不能抛下他。外婆和姐姐之间让人心碎的一幕被船家的不耐烦打断了。分别的场景重现于亚力桑德拉眼前：她尖叫着和姐姐说永别。生气的水手扇了她一耳光，因为这太危险了，可能会让哨兵发现，引来岸上的射击。过江之后，这些非法移民还要过海关。亚力桑德拉真正的性创伤核心就在于此。姐姐爱情的暴露，对她来说是对姐姐无条件之爱的崩塌。姐姐

---

① 法语中"病人"（patient）和"耐心的"（patient）是同形同音异义词。——译者注

在做出选择的同时背叛了家庭。

在这样的治疗中，在一系列空白的晤谈之后，某些东西会突然到来：可能是一个表面上看并不重要的词，可能是一个从长长的睡梦中被打捞出来的孤立画面，可能是一个非常动人的瞬间。本来没有任何记忆的地方，会突然重现一份回忆，并且伴有奇特的强烈情感。对亚力桑德拉来说，就是这样。她怎么会忘了这个故事，什么也说不出呢？

原来在过海关之前，外婆在亚力桑德拉的阴道里藏了一张瑞士银行的支票。一些人要来搜身，要拿走她们的钱——如果她们有钱的话。外婆对负责搜身的人说："您知道，小女孩，这是她第一次来月经。"人们给了她一张卫生巾，没对她解释这是什么。她还是一个孩子，对女性的一切都一无所知。

在经历了与姐姐别离的创伤之后，她又遭遇了残忍的事。到了海关，她独自进了一个房间。一个人搜遍了她，将她脱光，只留下了卫生巾；那人朝她的耳朵里看，让她张开嘴巴。十分钟后，她在人群里找到了外婆和妈妈。她说不出话，面无血色，惶恐不安。外婆把她拉进了厕所。这次，轮到她搜身并拿出支票。"你比死人还苍白，可怜的孩子。"她说，"你会不会永远都不原谅我们？"

我的病人怎么会忘记呢？我想："找到这样的创伤后，她应该会好些！"但是一点也没有！这个系列故事还在上演。

她的论述中出现了更早的创伤，追溯至大概八岁的时候。在讲到这段回忆时，她才告诉我，她的母亲死于曾一起生活过的那个中欧国家。自从外婆去世之后，母亲就住进了一家疗养院。亚力桑德拉总是见到母亲萎靡不振的状态。她待在总是关着门的房间里，窗帘半闭。人们说她母亲神经衰弱。亚力桑德拉被一名瑞士女家庭教师养育着。她知道自己应该去向母亲请早晚安。母亲几乎不上饭桌，除了那么几次——父亲不在家。即便上桌，她也一言不发。

父亲和家庭教师解释过为什么妈妈会生病。她在亚力桑德拉之前有过一个不正常的小男孩，这个哥哥可能比亚力桑德拉大四岁，从来没有在家里生活过。亚力桑德拉也从来不知道哥哥的异常是什么。人们告诉她——这也是她不曾知道的——当她出生时，母亲希望是一个男孩。因为她不是男孩，所以母亲变得神经衰弱。于是，亚力桑德拉想，生为女儿是自己的错。但是无论父亲还是家庭教师，他们都不允许她这样说。她所知道的就是母亲神经衰弱，医生常来看她。

一天，她没有敲门就跑进了房间，想要告诉母亲她在学校获得了非常好的成绩。她为此十分高兴，却看见每天都来的医生睡在母亲身上。这可能不会有任何后果，如果母亲没有瞥见小女孩，而且没有发出可怕的尖叫的话。孩子听到的好像是一声"野兽的尖叫"。

当她说到"野兽的尖叫"时，我问："能不能多谈一点？""不！这太恐怖了。这将我撕成两半。"她好像被撕裂了。"我往后退，我出去了。我开始颤抖。幸好，家庭教师来了。我什么也没对她说。她问我是不是不舒服，我回答说自己很好。"无人再谈起此事。

我的病人又一次进入沉默。在精神分析躺椅上，在我这里，她明白了医生可能是母亲的情人。之前，她从来没有认识到此事。"您那时候是怎么想的？现在呢？""哦！医生，这不可能！""什么不可能？""母亲不可能背着我的丈夫……我的父亲有外遇。"她总是把丈夫叫作父亲。这次，她的口误是相反的。

在发现医生是母亲情人的同时，她为自己的天真感到困惑。她将此与对姐姐行为的蔑视做了对照。那时，她将姐姐为了一个男子而选择留下看作一种恶毒。另外，如果海关那一幕以及支票的事给她留下了深刻印象，这确实证明了亚力桑德拉在来月经之前，在性的方面很正常。

压抑的解除为她释放了可用的冲动，她渐渐好转起来。在重新提到离开姐姐时体验到的强烈情感的同时，在讲到伴随着爱和性意识的道德转变的同时，她终于能够意识到那个男子是姐姐所爱慕的人，而不是她一直以来在他身上看到的柏拉图式的朋友。

她与姐姐的争吵好像变了。"我姐姐脾气坏，但我不会再上当了。她开始发脾气时，我就闭嘴。"一天，姐姐对她说："怎么了？我们不能再以吵架为乐了？"这其实是姐姐与妹妹的消遣。她们的确吵不起来了。"你为什么变了？"姐姐问她。"因为我在做精神分析。"亚力桑德拉回答说。"哎，原来是这样啊。你完全疯了！"姐姐惊呼。这就是她所说的关于精神分析的话。

不久，她们分割了生意，不再捆绑在一起。姐姐买下了一个进出口公司的业务，亚力桑德拉买下了另一个。一切都进行得非常顺利。在一个男商人的帮助下，她们签署了合约，气氛融洽，毫无纠纷。在回忆了所有这些往事后，亚力桑德拉意识到了她从来没有想到的东西。姐姐和一个男人有着她看到过的母亲和医生的同样的姿势。她在精神分析躺椅上才意识到，爱产生之时身体的不可思议之处。

关于猫，她讲过一两次，迅速影射出一种惊慌感。后来，她重新提起了猫。我没去碰这个猫的故事，完全搞不懂。很多人——她最好的朋友们——知道她有猫恐惧症，但不知道这只针对公猫。年轻时，有一天，她去朋友家吃晚饭。他们笑着对她说："亚力桑德拉，别怕，但是要小心！有只公猫在这儿。"她并未恐慌，以为朋友在骗她。她说："不是。这不是一只公猫，应该是一只母猫。"其他人坚持道："是，就这是只公猫！"最终他们发觉亚力桑德拉是对的：这是一只母猫。根据自己都觉得不寻常的反应，她发现只有公猫会使她惊慌。母猫从来不会。

有一天，她带来了一幅画，完全像是儿童画的（这是第二幅，也是她分析中的最后一幅）。在躺到躺椅上之前，她把画递给了我，对我说："医生，我带了幅画来说明生病的地方。"这幅画用线条和墨水呈现出一座尖顶城堡。它像一座塔，侧面是宽大的梯形顶的房子。塔上有一扇窗，一道门；房子上有多扇窗和一道门。城堡前有一片椭圆形的草坪。草坪上有一条蜷着的狗，埋着头。它的姿势能让人想到猫，但突出的嘴和耳朵确实是狗的。她对我说："您看，医生，我这儿生病了，在狗的下面。"她指着地，狗身下的土地。我完全没明白。我对她说"好的，很好"，把画保留了下来。她则在精神分析躺椅上继续说那些经过她头脑的东西，或者沉默。你们将会看到，她是多么有道理，尽管无论她还是我，当时都不知道这幅画想要说些什么。

接下来，又是一些沉默的晤谈，我鼓励她继续治疗。有一天，她说，如果她对我说出她所想的会很可怕，我会立刻把她赶出去。她犹犹豫豫，连声音都变了。"赶她出去！"这让我联想到她第三次向妇科医生询诊时所发生的事。我对我的病人说："把您赶出去？像谁一样？"她回答我："是的。但是，您不会说我疯了，您会说您不治疗犯罪的人。""为什么？您是犯过罪的人？""哦，医生，别再问我这个了！别再问了！我不能告诉您！我是一个可恶的人！"她开始哭泣。"我永远不能告诉您。我想我不可以再来这里了。我没资格。但我向您保证，我会把它忘了。我绝对不敢来，如果我知道我不仅疯了，而且……不，我不能说。"

我说："耐心些。当您对我以及对我们所做的工作足够信任时，您就能对我讲了。"

在下一次晤谈中，她说："医生，上一次我好像有些事情要对您说，但完全忘了是什么。"然后接连六七次晤谈，她再度陷入空白，没有想法，没有情感。突然，她回想起曾梦到一只狗。"哦，我的上帝啊！我回想起我应该……但这真可怕……

不，我不能对您说这个。我必须走了。"她站起来，好像很恐慌，同时避开我的眼神。我对她说："别走。"我关上她刚刚打开的门。"别走。重新回到躺椅上，接着讲。""我不知道刚才和您说了什么。""您为什么想要离开？""我不知道。我一定是疯了。""肯定是，"我对她说，"正因如此您才会在这里。您怕我，也怕您自己。晤谈没有结束，我们还有时间。"她还需要很多次晤谈才能说出这段故事。这段回忆非常可怕，以至于五十二岁的她变得失常。她深信不疑，认为如果对我讲出这段往事，我会赶她走。她宁愿死也不愿回忆起这段往事。

事情发生在她五岁半或六岁的时候。她还没开始念小学。她学习阅读和算术，与瑞士女家庭教师寸步不离。几周以来，她非常渴望一把小狗脑袋形状的雨伞——小姑娘的伞。有一天，当和家庭教师去大商店购物时，她偷了这把非常吸引她的小雨伞，把它带了出来，并为此感到高兴。

家庭教师说："真是可怕，这伞是怎么回事儿？"她回答："是那位先生给我的。""不，这不是真的。那位先生没给你伞。在商店里，人们不会这样给孩子东西。这是你偷的伞。"女家庭教师对这次偷盗大做文章。她对亚力桑德拉说："我一定要告诉你父亲。他的女儿是一个小偷，是家里的耻辱！"

等待对于小亚力桑德拉来说显得那么漫长。她父亲作为整个俄罗斯的茶业代表，很久才回家一次。她一直处于焦虑中：人们会将此事告知父亲。父亲回来后，家庭教师郑重地告诉他："先生，我必须告诉您，您女儿偷东西了。"（当然，父亲已经知道了。这正显示出这个游戏的丑恶。）他震惊地说："这世上没什么能让我更难过了！这是我们家的耻辱！"人们围绕此事演了一整出戏。父亲又对亚力桑德拉加上一句："好吧，现在，你必须去坐牢。"这很重要，因为我们终于找到了创伤。父亲继续说："也许，因为你是我的女儿，商店经理不会让你在牢里待太久，但他肯定会让警察抓你去监狱。无论如何，我都不愿在家里隐藏一个小偷女儿和一件偷来的物品。你把伞还回去吧，还给商店经理。"

你们看到了人们对一个不到六岁的孩子所策划的事件。她去了，在变得严酷无情的家庭教师的陪同下，归还偷来的雨伞。经理郑重其事地在办公室接见了她们。在描绘这个场景的时候，我的病人仍然能听到他的声音。"你运气不错，有一个我很崇敬的父亲。这次你不用进监狱，但如果有下一次，你会被终身监禁。"

这次晤谈结束后，她站了起来，不敢看我。她问我："医生，您同意继续进行治疗吗？"我没有回答，只是对她说："下周三见。""啊，医生，我跟您说了这些，一想到您还愿意见我，我今晚一定睡不着了……我是如此不幸。""是的，我知道。周三见。"我们的治疗仍在继续。

然后又是漫长的沉默期。"我在浪费您的时间。我能不能只在有事情和您说的那天来见您？"在因为意识的空洞而使人焦虑的晤谈之外，亚力桑德拉其实已经有了明显的变化。被压抑的冲动一经恢复流动，立刻就被投入她的工作中，她的关系中，以及她的学习中。她的朋友冉不再试着靠近她。她现在与其他男人维持着关系，并且总是保持着距离，因为知道如果对方追求她，她会十分慌乱，就像曾经面对冉那样。事实上，她不再渴望为了性关系而让自己好起来，虽然这是她进入分析的动机。只要对所做之事感兴趣，她甚至不再操心在性的方面变得正常起来。她更担心的，也是她想要摆脱的，是猫恐惧症。她有时会表示很高兴来这里——仅仅为了弄清楚她的恐惧症，如果我同意继续治疗她的话。

大概在叙述完偷窃六周后，她讲了一个梦，梦里又出现了一条狗。我说："好，来谈谈那些狗吧。年轻时，这对您应该很重要。"先前就有一段关于狗头形雨伞的故事。经过两次缄默的晤谈，她的记忆里重新浮现出被狗咬的危险。父亲出差回来时，晚上会去俱乐部。这在俄罗斯是一种时尚。女仆会提前准备好一切，放在爸爸的床上。白衬衫、燕尾服、皮鞋、高帽、披风，一切都整整齐齐地放在爸爸床上。这就好像一个祭坛，不是吗？有一天，小亚力桑德拉——根据她自己的描述，差不多三岁半——溜进了爸爸的房间。这是绝对禁止的。爸爸不在，她在房间里观看，欣赏，然后离开。但她还太小，关不上门。她对自己说："但愿不要有人看见我任由门开着。我会挨骂的。"稍晚一些，她又想溜进房间。结果看到了一场灾难！爸爸养的小狗把衬衫扯破了，把裤子撕得粉碎。门没关上，小狗溜进去了。这是她的错。亚力桑德拉颤抖着把自己藏了起来，而平时，当父亲到家时，她都会跑到他面前。迎接父亲对她来说是一件乐事。

在藏身之处，她听到父亲回来了。他呼唤她："我的小亚力桑德拉在哪儿啊？为什么不过来欢迎我？"孩子没动，小狗叫着去迎接父亲——这是一只小母狗。女儿一直不出来，父亲就进了自己的房间，关上了门。亚力桑德拉还是蜷缩着身体躲藏着。过了一会儿，她听到一阵难以抑制的大笑。父亲走出了房间，小狗趴在他肩上。他不指名地大声说——然而亚力桑德拉以为他是在对她一个人说："这里只有一个人爱我，不愿意我今晚去俱乐部。那就是我的小狗！"悲剧并没有发生，她惊呆了。然后，大家开始用餐。亚力桑德拉一直坐在家庭教师和父亲之间，在父亲的右边。父亲的左边是小狗的位置，接着是姐姐的位置。父亲的对面是母亲经常空着的位置。这天晚上，在我的病人的记忆里，母亲和姐姐都没有出席晚餐。她安静尴尬地坐着。父亲对她说："你还没和我说晚上好！"这就是他对她说的全部的话。她艰难地走过去拥抱了父亲，又回到了自己的位置上。这时，父亲宣布："不，你别坐这儿。今天小狗坐我右边。你呢，你去坐小狗的位子，因为小狗更爱我。今天，它更像是我女儿。它既跑过来对我说你好，又不愿意我今晚去俱乐部。"

就这样，这只撕咬他漂亮衣服的小狗不仅没有惹怒父亲，还在这个晚上变成了他的女儿，比亚力桑德拉还像女儿的女儿。

在回忆这个故事时，我的分析者仍然确定，无论任何人，家庭教师也好，女仆也好，甚至父亲，都没有猜到是她推开了房间的门。在精神分析躺椅上，在移情中，这件事重新回到了她的记忆里，她也第一次讲述了此事。对这件事，她没有很重的负罪感，与偷伞一事相反。

下一次晤谈时，她向我宣告："医生，我痊愈了！我也不明白怎么回事，但我知道，我感觉得到。""您是怎么知道的？""我不清楚上次对您讲述了什么，但这把我治好了。没什么能让我害怕了，我很肯定。""您需要核实一下吗？""不，我不需要。我觉得我痊愈了。"我对她说："听着，我们要一直继续到假期！"我也没明白发生了什么。她容光焕发，同意了。

从那以后，她做了很多梦。她以前从不做梦。沉默消失了。她和冉之间也发生一些可笑的事。冉慌乱了，因为她愿意去他家。冉发现亚力桑德拉不再阴道痉挛了，可自己却阳痿了！这不好笑，这是事实！她说："你应该去做精神分析。"的确，她痊愈了。她回忆起了伴随自恋伤害而来的负罪感，但是对这段回忆的叙述怎么就使她治愈了呢？通过后来的晤谈，她弄明白了。

父亲的小狗是一只公猫的朋友。亚力桑德拉童年时，家里有一对猫：公猫是母狗的至交，母猫则不能容忍这只小狗。孩子总是在接触这些动物，知道它们之间有着可怕的冲突。公猫喜欢栖身于小狗的两腿之间，母猫嫉妒得要死。

亚力桑德拉对我说："很奇怪，动物能区分公母。我不明白这是为什么。每次我都问：'为什么母猫对母狗如此凶恶？'

父亲回答我：'你成为女人后就会明白了。'我不知道他为什么不对我解释。"

原来，问题围绕着欲望，但这是一个被中介化的欲望，由像动物一样的个人无意识意象中介化的欲望。父亲在亚力桑德拉的俄狄浦斯期将小狗放到了荣誉位置上，这促成了她的动物认同。他使女儿变成了一只小母狗。后来，在俄罗斯小伙子的那段插曲中，他甚至像对待小狗一样对待她。他将女儿培养成为他服务的女人，一个被牢牢把控的存在物，一个做伴的宠物。过海关时，外婆和妈妈同样像使用物件一样使用她的身体，像使用容器一样使用她的性器官。

事过境迁，一切终于得以重构。假期到来时，她光彩照人。她还出色地通过了卢浮宫学院最高级别的考试。

她心情轻松地在老朋友的陪同下去南部度假。度完假，她来见我，对我说："医生，我完全不是来做治疗晤谈的，而是来感谢您的。我要告诉您我有多么幸福。我疯狂地坠入了爱河，而且要结婚了。"然后，这个高雅的女人宣布她要嫁给一个农民！

在南部游玩时，她看到了一个栅栏上的告示："小心恶狗。"稍远些，在一块地里，一个男人待在一棵树上。这个故事是真的！她打量着这个男人。他对她说话，提醒她此处有恶狗。她回答："我不怕狗。"他说："不怕？那好吧，如果不怕，就过来帮我吧。两个人会更容易些。"她过去了，帮他采摘水果。男人是一个南斯拉夫难民。他养鸡，在戛纳的乡下集市上卖肉、蛋还有水果。每天都来帮他，给母鸡喂谷粒。她乐在其中，就像个小女孩。一天，她问："它在哪啊，那条狗?"他回答："我就是那条狗。"他们俩都笑了。她平生第一次调情。他们相拥，这带给她肉体上的疯狂激情。

后来，这个叫帕维尔的男人说他已经离开祖国十年了。因为政治原因，他在祖国有被囚禁的危险。他对她说："我的妻子和孩子都留在那边，我不知道能否挣足够的钱让他们来法国。我的妻子并不知道我的情况。她一定以为我死了。我们很久没有对方的消息了。"又补充说："所以，我们可不可以结婚?"亚力桑德拉回答："但你没死，而且有妻子。我会去打听，查查她的消息。"

亚力桑德拉回巴黎后，帕维尔得知了妻子去世的消息。至于孩子们，他并不知道他们在哪里。他收到了来自南斯拉夫的文件，证明他现在是一个自由人。对亚力桑德拉来说，这就像一个节日！他要来巴黎了。

两个月后，她致电给我："医生，我必须见您。"我感到她确实心绪不宁。她来见我，对我说："您不知道这个故事?""我不知道。""医生，我是那么高兴看到帕维尔。我们有通信。"（我不知道他们怎么通信，因为他是南斯拉夫人。可能他会口述。他的信可能完全是孩子气的信，天真而梦幻。）她继续说："我看着他到了火车站台，注视着我。我看着他和他的天鹅绒长裤，他走起路来像个农民。他到了我家（他看到了她高雅的公寓），然后我们思量：我们在做什么?"当天晚上，她把他送上了火车。他们哭了很久，声明两人之间有一段非凡的纯朴温柔的爱，但他们无疑不是为对方而生的。

这就是亚力桑德拉的第一段激情故事。很奇怪，不是吗？这个五十二岁的女子有了对异性的爱，后者曾是一个完美的情人。然而对她来说，从文化和社会角度看，他们之间没有任何可能。

她和我谈了这些事情，我呢，还是什么也不说，完全不说。她对冉讲了她的艳遇，冉坦称："如果我再年轻些，可能也会去做精神分析。你是一个出色的女人。如果我是你的话，我可能会胆怯；但你并不害怕，而且成功了。"

亚力桑德拉不再和我联系，直到三年后的一天，我收到一封来自美国的信。她在信中写道："我和一个美国人结婚了。我很幸福，祝您新年快乐。我在美国有一份非常喜欢的工作，是博物馆成人班的讲师和负责人。我想点燃没有文化的人对绘画艺术的热情。"她已经在这个领域写了两三本启蒙读物。

有一天，十一点时，电话响了。"医生，我在巴黎，和我的丈夫在一起。他一定要认识您。"我对她说："明天过来喝开胃酒吧。"（那是个周日。）她丈夫对我说："我希望能当面向您致谢。您不知道遇到一个五十六岁的女人会怎样（他自己有六十三岁）。她是如此美好，和我在一起时如此，和我已经长大的孩子们在一起时（他已经是爷爷了）也是如此。她聪明，善良，而且非常有女人味。以她的年纪来说，她还很年轻，跟我的年龄也很合适。"他看着像是有才华的人，是工会的。她则说继子们非常出色。总之，每个人都在唱赞歌……

多好的一课！结束了五十二岁时着手进行的精神分析，这个女人终于能够过上正常的生活了。而且自那之后，这种生活持续了下去。她每年都给我寄新年贺卡。她授权我发表她的个案，说："去讲这段故事吧。我那时完全不相信自己会痊愈。"我问她："我是说了什么把您治好的？""您从来都不对我说任何东西。""对，是您自己讲出了这些！""是的，我是在精神分析躺椅上寻回这个故事的。您是那么有耐心！那时我找不到方向，很多次都想停下来。"

这就是一个恐惧症的故事，扎根于俄狄浦斯期孩子的动物认同。这是被父亲扭曲了的俄狄浦斯期。父亲用小狗取代了女儿，让小狗成为孩子的竞争对手。亚力桑德拉不能忍受公猫的原因是她将自己认同为母猫，即小狗的敌人。几个月后，她为了狗头形状的雨伞而倍受煎熬。她不敢索要，无法自抑地偷了一把，这难道不是对狗的渴望？这份对狗的渴望似乎是父亲反复灌输给她的。父亲在这段记忆中将自己认同为公猫，给予小狗温存的爱抚。这条小狗既爱攻击人又爱缠人，父亲说这是因为小狗爱他。这是乱伦。公猫的在场对于亚力桑德拉来说代表着没有任何想象中介的乱伦。亚力桑德拉被认同为被猫爱着的小狗。

参与者：我不明白她的画意味着什么。她对您说，是"这儿"。

多尔多：她说"我这儿生病了，在狗的下面"。这确实在与狗有关的"沉默不语"①的下面。在这幅画中，狗躺着，身后所画的内容代表着孩子的第一个结构：塔是三角形顶，塑造出孩子与父母中榜样性一员的二元关系；梯形屋顶的宽敞房子代表了孩子所面对的社会的结构。"沉默不语"（大地），这是她这段经历中一直没被知晓，也一直没被告诉任何人的部分。这确实是她生病的地方：她自己的动物形象既然是她的支撑，那么躺着的动物代表的就是死冲动，但是，"自我"并不是有意识的。②

我们可以说，这是一个分析辉煌时代的治疗，因为从头至尾完全是根据经典的方式进行的，而且是和一个这样年纪的人。至于我，我那时根本不知道自己在做什么。不知道的时候，我们就闭嘴，这是最好的做法。

我协助她，帮她完成她自己的工作。她做到了。我的工作是鼓励她，以及闭嘴，同时等待记忆在她的脑海里浮现出来。她不是净用些无关的话来逃避的人。如果没什么要说的，她就不说。相反，有些人净说些无关的话来填满晤谈。在这例个案中，我只需要倾听她，以及在她完全无意识的抵抗中协助她。

参与者（女）：在她给您指出的地方，猫是不是也栖身过？

---

① 法语中的"taire"与"terre"发音相同。"taire"是不讲、闭嘴、沉默不语的意思。"terre"是地、大地、土地的意思。多尔多在这里做了一个文字游戏。——译者注

② 母亲希望子宫里的孩子是男孩。由于出生后是女孩，孩子受到了母亲的排斥。

多尔多：对，完全正确。她说过猫在小狗的四肢里缩成一团。但是这没有被表现在画上。只是它的姿势有可能使人想起猫。在身体外形的含糊不清中，我们可以看出某些东西与她的性别有关。她是在一个不正常的哥哥之后出生的，母亲不喜她的性别。这使我们明白了她生病的那一部分。实际上从一开始，她作为人类的身份就被与她的性别相关的话语"撞击"了。她的性不是人的性，而是家养哺乳动物的性。她与小狗相关，父亲将她认同于这只小狗。因此，她也与为这只狗所爱的公猫相关。事实就是如此，小狗与母猫争执，公猫对孩子来说则代表着父亲。这便使她唯独对公猫充满恐惧。乱伦禁忌在保持着警惕。公猫会对她产生戏剧性的影响，就像父亲要与她融合在一起。

参与者（女）：还有她神经衰弱的母亲……

多尔多：是的，还有在医生（身体）下面的母亲。那时，亚力桑德拉并没有将此理解为性爱。

参与者（女）：她的猫恐惧症是什么时候出现的？

多尔多：我们寻找过这个时间。恐惧症发作得相对较晚，不是在俄罗斯时期，这出乎她的意料。恐惧症开始显现时，她已经工作了，所以也不是她丈夫在世的时候。肿胀的脖子意味着什么？眼球突出，发亮，就像突发的甲状腺功能亢进的症状。恐惧对象一旦消失，一小时后，她会慢慢恢复正常。

参与者（女）：由于头与肩之间脖子的缺席，她就像一个两栖动物。

多尔多：对，她完全像一个两栖动物。这确实是一种疯狂的状态。她经历过恐慌：先是脖子上的疯狂，在头部与躯干之间；然后是生殖区域的疯狂。这一区域被假定为"不正常"。除了在与冉的关系中强烈的阴道痉挛以外，她在性上没有任何"感受"。这就是为什么说这是一个启示。对她来说，与那个南斯拉夫男子，与她现在的丈夫，渴望和享受肉体上的性爱是一个启示。

我如实讲述了这段分析的过程发展。它使我们懂得恐惧症如何极早地生根于儿童的结构经历中，生根于他的性别身份中，先于他所能有的意识认知。儿童的性价值，相对于俄狄浦斯期以及前俄狄浦斯期的负罪感而言，是在身体欲望、口腔欲望以及肛门欲望中获得的。这些欲望伴随着对心爱的父母中的一方的爱。在俄狄浦斯期之前，儿童所遭受的自恋性伤害（涉及性或者涉及人）会在前生殖期冲动上烙下禁止的印迹。无论是从敏感性的角度来看，还是从健康运作的角度来看，这些前生殖期冲动对生殖爱欲区域的倾注都是必要的。

关于恐惧症，我们可以记住一个普遍特性：恐惧对象被投注了危险的石祖价值，因为它以无意识的方式与乱伦相连。这是被渴望而又没有被禁止的乱伦。恐惧症阻止了乱伦的行为，保护了孩子三岁前脆弱的结构。恐惧症结构的脆弱性，要么起因于身份的不确定性（相对于生父母来说），要么起因于身份的贬值（与生父母中一方的价值感很低有关），要么起因于对儿童性别价值的否认（父母或第一批教育者在话语中否认了儿童的性别价值）。

参与者：在亚力桑德拉的治愈故事中，我很好奇，她用什么替换了猫恐惧症？

多尔多：她不用找恐惧症的替代品，因为她明白了父母的性。她明白了父亲的痛苦——被母亲忽视和疏远，有过一个没能存活的男孩。

一定要很好地理解她在做精神分析以前，从来没有在身体里体验过性欲。她有无意识的反欲望。正是通过对阴茎的拒绝，她保持住了自我，没有冒失去她的原始结构里的父母的危险。这一结构仍然是她的结构，没有被俄狄浦斯期的结构超越。俄狄浦斯期的结构意味着欲望，即俄狄浦斯期之对象客体在生殖爱欲区域感受到的欲望。这一欲望的实现是被明令禁止的。

参与者：她对您产生了什么类型的移情？

多尔多：我想，我对于她来说是与之前的老师不同的老师。她的女家庭教师更像是女监护。亚力桑德拉从小就认识她。她不知道小时候是谁喂养她的。当她还是婴儿时，女家庭教师就已经在家里了。她照料比亚力桑德拉年长八岁的姐姐。

她对我也有一种对技师的移情。我是希望帮助她的技师。她称呼我医生。我不确定自己对她来说究竟代表着什么。我比她小五六岁，但应该还是代表着像老师的人，以至于她认为如果向我承认偷伞的事情，我会不再接受她。她在精神分析躺椅上重现了偷伞的记忆。它激发出一种耻辱，一种如果她是现职惯偷而会有的耻辱。看到这个年纪的女人为了五岁时偷了一把伞而将自己置入如此负罪内疚的状态，我们可以想象事情对她来说仍然停滞在那里，她的结构并没有改变。

她将我放在父亲的位置上，与家庭教师一起策划了"惩罚"的父亲，也将我放在孕育之母的位置上，因为我告诉她我完全有时间，会与她一起等待她的思绪浮现。

参与者（女）：既然这个病人是俄罗斯人，我们怎么能从画里她在大地下生病，转入"沉默不语"（闭嘴）这个能指呢？

多尔多：对，这是用法语说的。她跟着女家庭教师学法语。她父母说法语，她自己也在四五岁时就会法语了。我不知道这在俄语里如何表达。我不知道能否更确切地说这是一个身体意象。如果我们掌握俄语的能指、母语里的词，对精神分析可能会有帮助。在这例个案里，治疗之所以可能，是因为事情是在身体意象这个层面上发生的，而且分析者讲一口完美的法语。

参与者（另一个）：这个女人奇怪的走路方式——碎步走——能否用阴道里的支票这个创伤来解释？

多尔多：这说得过去。但我不确定。

参与者（女）：您说动物认同是恐惧症的起源，动物认同是不带负罪感的。那在这个案例中呢？

多尔多：对，确实是这样的。如果没有偷伞一事，对小亚力桑德拉来说可能就会这样。偷伞涉及石祖欲望。

参与者：她很晚才目击到原初场景。发生在母亲和医生之间的场景有没有影响偷伞这一创伤？她那时能辨别性别吗？

多尔多：母亲和医生的场景要追溯至她七八岁的时候。偷伞是五岁时发生的。是的，她能识别公母，但仅限于口头区分。她并不明白原始场景的意义。她看到母亲睡在医生身下，受到惊吓。她不是故意违反禁令的。然而在另一情形下，小狗之所以违反禁令，是因为亚力桑德拉在知道的情况下首先那样做了。她知道小狗是因为她才违反禁令的。我认为，家里所有人其实都知道责任在于亚力桑德拉。成年人应该是达成了一致，想让她懊恼，也就是说，共同以另外的方式惩罚她。创伤的核心是"沉默不语"，涉及对她的罪恶感的沉默不语。责骂她的危害小于将她贬低到小狗的行列中，同时将她的位置给予动物。这就好像是她的父亲在称赞小狗，在喜爱小狗胜于女儿的同时，撤销了性享乐的同类相食之禁忌。

这个分析对我来说非常有教学意义，因为我那时什么都不知道，什么都不期待，毫无理论依据。这个分析带我远离了俄狄浦斯期，而 20 世纪 50 年代的理论只围绕着俄狄浦斯期。我那时只有方法论，坚持遵循这一方法论。

至于性别之分，当猫经过时，亚力桑德拉当然来不及区分公母。这完全不可能。但她不会弄错：她有不可思议的感知，儿童的感知——孩子对气味的感知是我们所没有的。她的异常反应会告诉她这是公猫而不是母猫。她不比其他人更理解这个现象。别忘了，无意识总是不停地，以"于无声处听惊雷"的方式教育着我们。

第三章　技术·设置一个心理治疗

辨认父母和孩子所提出的请求；既往史的重要性——在精神分析中，我们只能识别出经受着痛苦的人而不是他们的病理——一个暴露癖男孩在治疗中遇到的困难

参与者：您可以谈谈对处在孩子位置上的父母的治疗吗？他们有自己的请求，但这个请求没被明确地提出来。

多尔多：好的。接受治疗的通常是提出请求的那个人。这也是为什么当父母提出请求时，了解他们的请求就变得非常重要。我们要告诉孩子，他的父母所经受的痛苦看上去和他有很大的关系。孩子呢？孩子痛苦吗？对什么感到痛苦？

我们必须找到请求的来源：父母是在班主任的建议下来的，还是听取了校长的建议，还是受到了奶奶、爷爷的影响，还是以上情况兼而有之？这也会追溯到夫妻之间的问题。孩子

就是这些问题的症状。它会提醒父母，实际上因为孩子的症状而备受煎熬的是他们自己。父母没有意识到，这些症状是由夫妻不和以及他们之间关于孩子的争吵所带来的张力引起的。

对父母的治疗同样取决于CMPP①。它们中的某些机构明文规定，父母见的是孩子的治疗师以外的另一人。在治疗初期，这对孩子来说是坏事；但之后，这有可能变成积极因素——父母愿意把孩子的晤谈与他们的晤谈定在同一天，如果孩子自己有这个动力的话。

总而言之，有必要对提出请求的父母做跟踪治疗。一段时间之后，可以由另一位治疗师来做治疗，并且是在另一个治疗机构。当然，如果他们想来谈谈孩子，也不要阻止他们，特别是在孩子的心理社会年龄不足八岁，不能讲述他的困难，也不能讲述那些他在周围环境中惹出来的麻烦时。一个孩子可以在自身正常的情况下引起很多问题，因为他会玩俄狄浦斯期游戏，或者对哥哥、姐姐以及父母玩同性恋固着的游戏。如果他仅仅是在一段诱惑的关系中来见精神分析家，后者又不知道他在家里的行为所带来的影响，那么孩子会体验到扭曲、倒错的情境。在这种情况下，找分析家本身就是一种倒错。因为孩子是请求者，要求有一段被优待的关系，还没有准备好接受阉割。儿童治疗里确实有一种危险，在于两者之间诱惑的体验。

①　Centres Médico Psycho Pédagogiques，医疗—心理—教育中心。——译者注

孩子为了他喜欢的精神分析家而来，同时相信精神分析家也喜欢他。他完全不在乎自己的进展，完全不考虑升华（的问题），必须得到阉割的驱力之升华。所有这些，我们只能通过家庭来得到反馈。这也是为什么哪怕父母同意为了自己而在另一人那里进行咨询，孩子的治疗师也要保留接待他们或者让他们写信的可能性。

当在工作室里进行治疗时——有时也是医疗教育式的咨询，这些成年人没有可以言说的对象。我们至少可以在候诊室问一问："您要和我说些什么吗?"如果父母不愿意当着孩子的面说，我们可以对孩子说："你父亲（或者母亲）想单独和我谈谈。我会听一听。如果有些东西对你来说很重要，我会告诉你的。"之后，我们要探询："为什么您不能当着孩子的面说呢?"要让父母感受到所有对孩子的进展有益的东西。这种感受很重要。如果他们信任一个人——肯定是这样的，因为他们已经把孩子托付给了此人——为什么还是想说悄悄话，而不能当着孩子的面说出自己的担忧呢?

得到这样的结果（当着孩子的面说出那些重要的东西）而不使孩子感到内疚，这非常重要。父母会提出指责，或者谈论自己受损的自恋。孩子也会为损害了父母的自恋而内疚。这也是为什么可以在孩子不在场时倾听。事后应该向孩子解释父母的担忧，告诉他在成人的世界中，这份担忧有其价值和意义。稍后，我们可以和孩子一起思考焦虑的含义。

从我的角度来说，我希望孩子的父母、教育者以及那些在法律上需要对孩子负责的人能在每次晤谈开始时来见我，哪怕只是说"我没什么要说的"。"好的，那很好。孩子呢？他有什么要说的吗？"

参与者：在机构里，有些人经常说："孩子有独立的自我，和我进行治疗的就是这个孩子。"另一些人认为，如果孩子的请求只是潜在的，家长的情况很严重，就应该优先照顾家长。

多尔多：但是，您怎么来识别孩子的自我和父母的病理呢？这个叫心理学，而不是精神分析。在精神分析中，我们只能识别出经受着痛苦的人而不是他们的病理。

如果一个孩子出生，成长，没感受过痛苦，好吧，那也不是由你来让他的父母变得正常。绝对不是。

但至少你可以和他们谈谈，尝试去了解他们。理解父母的俄狄浦斯期很重要。每当他们问你关于孩子的问题时，得让他们谈谈自己的父母。你可以追问："当您像您的孩子这么大时，父亲是怎么对待您的？您母亲呢？"

我们总是在把他们带回俄狄浦斯期的时候，意识到父母对孩子病源式的投射。到了第二代，那些行为举止所掩盖的东西，那些驱力的表达不仅仅被压抑了，而且丧失了（forclos）。因为在父母那一代，在第一代，这些表达就是被压抑的。

我们可以让父母谈谈兄弟姐妹，特别是当他们是提出请求之人时。在儿童治疗工作的初始阶段，我会给予既往史非常重要的位置。光谈父母是不够的，还可以回溯到祖父母的时期，甚至谈一些曾祖父母的事。我们可以问："您小时候见过他们吗?"最开始的几次晤谈要和父母一起进行。这时,孩子可能会跑来跑去,我们可以对他说:"你愿意为我画幅画吗?你知道,你的父母在为你而谈。我今天没时间和你一起工作,但是如果你想和我说些什么,可以直接告诉我。"我们必须见机行事。

接下来,我们要对家族关系进行深入的了解。为什么?因为如果孩子进入了治疗,他会谈到他的联想,会说到这个人和那个人。你可以立即回到既往史,说:"啊,是的!是某某的孩子。你看,你父母已经同意你和我谈这些了。"

有的咨询师不在意最初的既往史。这种回溯的确会让晤谈变得冗长,有时也很徒劳。它对有些家长来说也许像是侦察。这也是为什么一定要把握好分寸。

参与者:我经常做既往史工作。我注意到,它特别能消除父母的负罪感。

多尔多:是的。他们会就此了解到家族里存在着一种动力。这个动力既不是关于好的,也不是关于坏的。

当父母面对孩子而变得绷紧时,一定要问他们:"您觉得他像谁?他是哪一边的?"这时你就可以听到父母所有的投射。父母或许会说这是一个"失败"的孩子。父亲或许会说:"他是我丈母娘那边的,但也是另一边的,是失败的叔叔那一边的。"为了解除他们的负罪感,我们可以来点小幽默:"简而言之,他吸收了两边的缺点。"我们可以笑着补问:"不是吗?不可能?那为什么您在他身上看到的都是缺点?"

参与者:我有时会把教父教母也纳入既往史。我觉得这很重要，因为被选作教父或教母的人可能只是母亲家族里的人或者父亲家族里的人。

多尔多：是的。也要考虑外来人，如家庭的"朋友"。我们会突然发现，有位先生总是跟这个家庭一起度假，但他并不是教父。因为某些肯定很重要的原因，他与孩子的父亲或者母亲联系在一起。这里的问题不是试图在这种情况下正常化任何东西。这是有待理解的情境，需要去解释，在孩子理想自我的动力中去解释。孩子的理想自我能够与一些不同的人有交集。

同样需要注意，心理治疗刚开始时，有些父母（其中一方）带有攻击性，态度负面。这样的心理治疗实际上最有意义。当然，如果父母双方都进行阻抗，治疗会变得非常困难。但是如果一开始，我们就让父母的负性移情得到表达的话，孩子在治疗中立即会有进步。那些表现得很友好、很信任的父母，其实是在掩饰他们的阻抗。

参与者（男）：我希望和您谈谈最近我在心理治疗里遇到的一个困难。我有一个治疗了一年的小男孩，他十二岁。从上周开始，他有了一种很可笑的行为：自我暴露。我不知道该做些什么。他对我说："我要脱掉衣服给你看我的小鸡鸡。你也给我看看你的。"这是一些言语上的挑衅。我在这个问题上有点迷失了。

多尔多：治疗了一年吗？您说的这个困难应该是由一种不可言说造成的。很可能，您没有问他来见您的动机，那些他还没能用词语表达的动机。这也是为什么他会用身体作为媒介来向您提问。对于他的行为，您就这么看着，像和尚一样无动于衷？

参与者（男）：差不多。

多尔多：大家看，是我们的病人在给我们做分析。您其实已经对他进行了投射，称呼他"小男孩"，可他已经十二岁了。这表明您还没有把他看作一个处于前青春期的少年。你之所以这样说，可能是因为他的社会行为更像是三岁。但这恰恰提出了一个无意识的问题，一个三岁孩子的问题。如果无意识是如语言一般建构的，这意味着无意识是由问题和答案构成的。无意识既产生问题，也产生答案。看来通过你身体的、模仿的、动作的或者口头的行为，孩子没能提出问题，你也没有找到答案。他不知道您期待着什么样的问题，什么样的答案。对于他来说，您就像谜一样。

治疗是怎么开始的？

参与者（男）：他的班主任说，尽管这个孩子学习很好，有些行为却像婴儿。他不遵守纪律。

第一次他的母亲来了。

过了一段时间，他身上出现了新问题：小偷小摸。母亲告诉我，孩子的父亲不喜欢他，偏爱五岁的二儿子。当我接待父亲时，他说老大是个小娃娃，是个糊涂虫。"你看，他现在又开始偷东西。"他又补上了一句。

我问他："孩子身上只有这些负面的东西吗？"他回答说："不。他猴精猴精的，什么事都可以一个人搞定。他笔头可好了，算数公式也都烂熟于心。我们一起散步时，他能记得地址，找到那些我都忘了的路。"

多尔多：这些都是当着男孩的面说的吗？

参与者（男）：是的，当着他的面。父亲讲话的时候，他就要马戏。

多尔多：第一次和他接触时，您是点名道姓地和他说话的吗？您对他们三个人都说了话？

参与者（男）：是的。我对他说"你好"，叫了他的名字。

多尔多：您告诉他您是精神分析家以及分析是什么了吗？这是一个进入关系的问题，非常重要，用来给治疗设置框架。

参与者（男）：我和他的父母有很长时间的晤谈，特别是和母亲。然后孩子提了个问题："我什么时候能独自过来？"

多尔多：原来是这样。他十二岁了，可以自己去上学。在班上，没人强迫他伪装，至少不用隐藏他的智慧。但是很明显，他被母亲异化成了物体，被父亲异化成了弟弟。他不是他自己了。"什么时候我能一个人来，来做我自己？"这就是他提出的问题。

治疗是在哪里进行的？在您的工作室吗？

参与者（男）：不，在门诊部。

多尔多：这个门诊部允许接待成年人吗？

参与者（男）：可以，完全可以接待成年人。

多尔多：那么，您为什么还要继续见孩子的母亲？当然，也可以见。不过，这得是一种真正的考察，去考察在母亲那里与这个孩子有关的什么是象征性的。目前为止，她来您这里除了抱怨就没别的了。她的儿子只是这些抱怨的代理人。对她来说，孩子除了是抱怨的对象之外还意味着什么？他在母亲关于另一人提出的请求和声讨中代表着什么？这是关于母亲的先生、兄弟或者父亲的吗？也许还有别的男性。

必须让所有这些孩子没办法在治疗里说出来的东西成为和母亲最开始的晤谈的内容。

参与者（男）：这正是我尝试学习的。

多尔多：好的，对于这位女士和父亲还有兄弟的关系，您了解些什么？

参与者（男）：我突然发现自己什么也不了解。

多尔多：是吧，您看，和孩子进行的工作比和成年人进行的工作困难得多。从一开始，您就和一些重要的事情失之交臂了。现在再告诉您怎么做就很困难了，因为您没有用语言明确告知孩子您的角色。我们可以假定这个关于性器官的问题，关于他自己的性器官和您的性器官的问题，是他从三岁开始就一直带着的问题。"爸爸的生殖器是什么样的？"或者问题仅仅是："生殖器是什么样的？"实际上，在生殖器对他来说成为疑问之前，孩子仅有尿尿这个概念。在这一时期，孩子赋予身体的这个区域唯一的念头是与"尿尿"联系在一起的。正是在这个时期，孩子感知到了自己和别的孩子之间外表的、解剖学层面的不同。他并不是特别确切地知道这个差异与生殖器相关。

"我的裸体是怎么样的？"这也许是他的问题。他本来可以向你展示他的生殖器而不是身体，然而他说的是"我要脱衣服了"。

参与者（男）：这只是一些话语。

多尔多：劳驾您再说一遍？

参与者（男）：他仅仅是这么说了，并没有脱衣服。

多尔多：但是您刚才说他"自我暴露"。

参与者（男）：这是通过他的……

多尔多：通过他的什么？要说得明确。

参与者（男）：有一次，他一边把脚放在办公桌上一边说："您喜欢我的小腿肚吗？我想下次来的时候穿运动短裤。还是算了吧，天气有点凉。"

多尔多：简而言之，他面对您就像面对他父亲一样，扮小丑。他对待您就像对待父亲一样。您说过，他父亲告诉过您孩子耍马戏。这里已经有一个可以解析的元素了。

您给他做过解析吗？对他提过问题吗？问题经常是最好的解析。例如，当他说"我什么时候能一个人来"时，您可以问他："你是想和我聊聊吗？你为什么想单独见我？我已经听了你父母的话，现在是你想告诉我你的问题是什么吗？对你来说，到底哪里不对劲儿？这是为了你—你自己，不是为了你—你的班主任、你—你的父亲、你—你的母亲。你希望在生命里改变些什么，却又做不到呢？"

参与者（男）：我想我问过他。但是，我下不了决心真正开始治疗，我总得到"为了能独自搭公交车"这样的答案。

多尔多：是啊，就是这样：能够变得独立。这就是他给您的回答。这会带来另外的问题："搭公交车？一个人？你之前从没这样做过吗？"

只有这些吗？他不画画，不讲他的梦？您向他解释过精神分析的工作方法和意义吗？太难以置信了。这就好像您只是坐在那儿，而人们给您付费，让您进入一段和孩子的爱欲关系之中。他完全不知道这是在做什么，因为您没有解释为什么您总是面无表情，为什么人们付钱给您去和他见面，听他说话，同时有可能从中被动地获得愉悦。

这个治疗完全走偏了，从一开始就走偏了。这个孩子走偏了。他在寻找您期待的东西。因为扮小丑能让父亲看起来很满意，所以他和您在一起时也在做同样的事情。

他在自我暴露时提出来的问题和他用话语所说的完全不同。他的自我暴露意味着什么？他在自我展现？他在屋子里转圈？他用这种方式向您提出了一个问题。他有可能是在说："您是怎么动的呢？"当无意识提出问题时，我们的任务是使问题逐渐明确起来。

参与者（男）：我想我没做到。

多尔多：在这个治疗里，您永远也做不到了。这个孩子来晤谈时，有没有给您象征性的付费？

参与者（男）：没有。

多尔多：这也没有？您看，他十二岁了，可您还把他当作匿名的公民来对待。共和国的总统，那些税务部门，那些机构委任您，付钱给您去接见某些人，也就是无法为自己负责的人。但是，您没有给他这样做的可能性。最开始的时候，这是他提出的唯一请求。他受够了做一个被抱怨的对象，受够了不被父亲注视，受够了不被作为鲜活的话语倾听。他有着婴儿般的行为，就好像他的父亲像母亲一样照顾着弟弟，而他试图与弟弟匹敌。弟弟对父亲而言是石祖①式的客体。

这是父亲的俄狄浦斯期问题，肯定也是母亲的俄狄浦斯期问题。但是，对于一个十二岁的孩子来说，这并不那么重要。我们可以从孩子八岁起就做治疗，只要他能够自我承担。也就是说，只要他认识到感受到痛苦的是自己，并希望寻求出路。

我们不能在一次晤谈里就完成这一切。孩子来这里是为了表达自己，我们则要倾听他，在他表达的层面上去理解他。这个男孩在用一种无声的方式进行表达，因为您也是无声的。

我只能建议您为这例个案找一个个人督导。讨论班不是督导的地方。这个讨论班是为了让大家理解如何从一开始就做好分析工作的设置，也是为了让大家理解为什么和父母做解释是必要的，尤其是这些解释涉及什么问题。我们要问他们："您认为孩子为什么痛苦？"这是第一个问题。

母亲对您说她很痛苦。那孩子呢？孩子到底为什么而痛苦？有时你们会听到对一些并没有明确提出的问题的间接答复。这位母亲没有在孩子身上做投射，而是在孩子的想象里做了投射。她觉得孩子的父亲对他太严厉了，更确切地说，她觉得父亲不爱他的孩子。这是她在孩子面前讲过的东西。这时，

---

① "phallique"一词在精神分析中，强调阴茎在主体内与主体之辩证中所担当的象征功能。"阴茎"一词较常指称就解剖学事实而言的器官。该词有多种翻译，本书译作"石祖"，其他译本可能译作"阳具""菲勒斯"等。——译者注

您作为精神分析家，应该问这位女士："您认为您先生不爱他的儿子。那您的父亲是怎么样向您和您的兄弟姐妹显示他对你们的爱的？"要时常把人们带回自身。为什么她一边把自己的痛苦投射到孩子身上，一边说孩子的父亲不爱他？她是从什么地方看出来的？她肯定是有参照的，而这只可能是她和自己父亲的关系。也有可能，她希望孩子的父亲在实际生活中能像母亲一样，因为她好像是在说他喜欢小儿子。尽管小儿子只有五岁，但肯定是一个喜欢为父亲扮演小丑的孩子，或者和父亲在一起时是不成型的客体，而不是主体，不是直立的、男性的、将成为男人的主体。

对于这位女士，您只有在她父亲这个参照系中，才有可能把一切确定在精神分析的框架设置内。这样一来，她可能会带来关于孩子家庭系谱图的一些有意思的元素，也就是说，关于她自身的俄狄浦斯期象征体系的元素。

这位女士是怎样和丈夫相遇的？在他们的夫妻关系中，是什么样的无声话语使孩子得以聚形、降生？作为对于母亲来说的他者，孩子从出生到现在的行为举止是怎样的？这个孩子很聪明，记忆力很好，因为父亲注意到孩子观察敏锐。他能够认路，记住名字，这些都证明从很小的时候开始，他就在观察周围的一切，倾听周围的一切。

因此，这里需要一系列心理治疗设置工作。这个必不可少的设置是为了让主体能够一天天地弄清楚自己关于独立的象征化进程，并且使主体去欲望化，促使主体在性身份中为自己负责。

第四章　临床·残疾人的心理治疗

盲人不会患孤独症——对一位年轻盲聋女子的治疗

　　参与者：您能否对孤独症的成因做一些解释？

　　多尔多：一个日复一日、年复一年与照顾他的成人有语言维度关系的孩子不会患孤独症。[①] 孤独症要存在，母子关系中一定会有一个断裂，有时是非常早期的。毫无疑问，因为这个没有被言说过的断裂，母亲——缺失的大他者——被孩子自己身上的一部分取代了。对主体来说，自己的一部分变成了大他者！我们就是这样理解手淫的。这在日常用语中也是众所周知的："他经常与守寡的手腕来往。"[②]这是一句惯用语。试想一

---

　　① 关于孤独症，参见弗朗索瓦兹·多尔多的《儿童精神分析讨论班》第一卷(1982)以及《无意识身体意象》(1984)。

　　② 俗语，意为他经常手淫。——译者注

下，把所有这些词参照到精神分析理论中来，都是清晰明确的。这里说的就是大他者。在孤独症患者这里，大他者被缩减为身体意象的一部分，被假设为在场的。在欲望的对象中，主体被自己的感受异化，唯独这个欲望对象是大他者想象的身体。代替象征性阉割的是想象性自残，其效果是伪象征的。想象的过程、自我的分割使主体自认为与他者有关系，而不再是独自一人。手淫似乎不失为与孤独对抗的过程。从这个意义上讲，它属于孤独症的范畴，但是是非常高功能的孤独症范畴。对于身体图示来说，手淫事实上已经不再是孤独症的了。因此，手淫被纳入我们称之为神经症的进程框架内。没有强迫就没有真正意义上的孤独症。在人们称之为孤独症的症状和带有不孤单错觉的自我封闭之间，我不做截然有别的区分。

参与者：器质性上的缺陷，比如说失明，有可能促成孤独症吗？

多尔多：肯定不会。盲人孤独症非常少见。

参与者：如果是盲聋儿童呢？

多尔多：啊，对！如果是先天性盲聋，这可能会将一个人引向孤独症。这并不来自主体自己，而是来自他周围的人，因为他们不能与一个几乎关闭了身体的孩子沟通。他缺失了两种感官——视觉和听觉，还剩下触觉和嗅觉。但是，成人非常不习惯用碰触和嗅觉来沟通，不知道该怎样将这种微妙的沟通制译为规则。孩子渴望着这种微妙的沟通，用剩下的两种感官寻找它。由于无法建立起常规的沟通，我们很难用精神分析去治愈他们。不过，这也并非完全不可能。与人们所认为的相反，盲聋儿童喜欢与他人在精神上沟通交流。他们能通过嗅觉获得对他人的感知，还能使用我们都有的，至少是在出生时都有的皮肤雷达。这种雷达能使我们在空间里远距离感知事物。它能在那些曾经不盲，后来失明的成人那里得到发展。

十四岁或十六岁时，我读过一个盲人的自传。他在1914年的战争中受伤致残，在书中讲述了自己从某种意义上说，如何在失明的同时又能看见了。他的叙述很有意思。某一天，某一时刻，他永生难忘。在进入一个房间时，他"感觉"①到了自己与墙壁之间的距离。他还估量了自己和家具之间的距离。他第一次有了这样的经验。毫无疑问，他离家具很近。稍晚一些，他能够在一米内感觉到家具。就这样，他逐渐完善了这种感官，这种我们每个人都拥有过但又失去了的感官。他的行为变得和视力正常者一样。

现在，先天的盲人会滑雪。你们不知道吗？

我们拥有大量并不使用的感官。在失聪儿童的个案中，困难在于周围的成年人不知道如何进入与他的沟通交流中。他们认为孩子没有对他们的感知，因此没法使用语言。

参与者：是不是可以说，孤独症的诊断取决于那些人的能力？

---

① sentir，意为"感受""感觉"，在法语中也有"闻到""触到""摸到"的意思。——译者注

多尔多：不。孤独症的诊断是现象、观察的诊断。孩子本身没有孤独症，而是变成了孤独症患者。

参与者：我想要说的是，如果他没变成孤独症患者，那依靠的是周围人的创造力和能力。

多尔多：总之，这取决于"能力"，如果我们能这样说的话。

参与者：在西方文化中，嗅觉的价值并不高。不过我想，嗅觉直到17世纪都是有价值的。确实，它似乎是儿童和成年人之间一个被切断了的沟通渠道。

多尔多：这是一个被压抑了的沟通渠道。成年人压抑了每个人的味道的个性化价值，除了在我们所回避不谈的隐私爱欲关系中。

参与者：这个沟通渠道不再被纳入……

多尔多：对，它不再被纳入日常语言交流的准则。不幸的是，我们不教孩子做嗅觉辨别。除了四种基本的色彩，我们也几乎没再做些什么来帮助他们区分、辨认每一种颜色的多种色调以及它们的组合。我们对触摸的理解和记忆，也像对听力的理解和记忆一样，如出一辙。即使我们会做些音乐启蒙，也是在很晚的时候才开始做的。因此，感官沟通的准则是不健全的或空缺的。

参与者：如何与盲聋儿童一起重新找回这种准则呢？

多尔多：这和孤独症是一样的。对盲聋儿童来说，这更困难，因为他缺失了两种感官。我们这些不盲不聋的人使用着这两种感官，却没有思考过它们的功能以及意义。

参与者（另一个）：有人告诉我，有和这样的孩子一起开展的精神分析治疗。

多尔多：我在图索医院开展过这样的精神分析治疗，对象是一位十九岁的盲聋少女。治疗初期，她的听力为正常听力的十分之一，一只眼睛的视力为正常视力的十分之一。这只眼睛在戴着厚镜片的情况下才能稍微看见一点。治疗结束时，她的听力为正常听力的十分之三，视力达到正常视力的十分之二到十分之三。

总之，治疗结果好得出奇。她顺利进入了一家皮革作坊。

她非常聪明。她母亲在怀她时得了风疹。医生私下会诊，建议流产。她的母亲拒绝了，接受了这个即将出生的孩子的残疾预后。这就是故事的开头。女孩的父母虔诚信奉天主教，不愿意听到"流产"这个词。这非常重要，即当孩子出生时——我们称她为卡丽娜——人们做好了她是残疾人的准备。事情也如你们预料的一般，她的父母决定"再生一个"。就这样，另一个孩子在卡丽娜满十个月时出生了。"卡丽娜是我们的小十字架①。我们要看护她一生，但也会有另一个孩子。""小十字架"被放进摇篮里。她待在那儿，直到有一天自己爬出来开始绕着摇篮兜圈。她与弟弟同岁学走路，但显得傻，很矮，眼睛是两条细小的缝，耳郭畸形。她的听力和视力几乎为零。弟弟与她

---

① 比喻磨难、考验。——译者注

完全相反，充满活力，积极主动，聪明伶俐。卡丽娜好像忽视了他的存在。

她是如何生活的？她紧紧抓住母亲的裙角，时常就这样在公寓里兜圈。人们开车带她出门，再把她带回来。没有人和她沟通交流。她看起来毫无问题的生活其实近似于植物人的生活。她被消极的驱力侵占，肯定能非常深刻地感受到弟弟那里所发生的一切，就好像他活在她的位置上，为她而活。

在她九岁时，父母有了第三个孩子。有一天，母亲被吓坏了。她发现卡丽娜拿着剪刀，想戳婴儿的眼睛。她惊恐万分！卡丽娜已经又傻又残，现在还变得危险了！必须把她隔开，与她分离。

父母去咨询医生。这位医生很敏锐，告诉他们："这说明她非常聪明！"他给卡丽娜做了检查，发现她的视力为正常人的十分之一，听力也是如此。她开始上特殊课程，跟随一位给聋哑人讲课的老师学习。她在几个月的时间里学会了阅读凸点字（一种刻印符号，不是布莱叶盲文），还学会了书写。

她就这样凭借着阅读和书写知识生活。母亲开始认为她并不傻。她开始照料卡丽娜，关心她。卡丽娜更多参与到了家庭生活中。她学会了摆放餐具，以及其他很多小事。她什么都尝试，变成了一个小女孩。人们允许她做大量触觉上的亲密接触，凭借这些接触，她适应了家庭生活。当然，这是比较局限的家庭生活。即使与奶奶、爷爷、爸爸、妈妈因接触而建立起关联，她也总是待在残疾孩子的位置上。

比她小十个月的弟弟发育正常，就好像是她的双胞胎兄弟。最小的那个也发育正常。但是，他一走路便开始攻击姐姐。母亲总想把这两个孩子隔开。负责卡丽娜教育的女士足够聪明，对她说："别这样。这个孩子对她来说不危险，因为她大得多。由他们去吧。"卡丽娜要承受来自小弟弟的攻击，其实是值得庆幸的事。

弟弟进幼儿园后，卡丽娜开始失去光芒，在家里像猫或者家禽一样生活着。她的学业也停滞不前了。

于是，母亲教她做挂毯。卡丽娜向我展示了她这个时期的作品，非常完美。当然，她用色不分。她整天都在做挂毯。她还给瓜果削皮，相当灵巧。一个为残疾人而设的作坊接收了她。她在那儿很开心。

来月经后，她变得很紧张（这并不是她自己告诉我的）。她开始偷吸父亲的香烟，同时拒绝完成工作任务。家人说："算了，要抽烟就让她抽吧！"就这样，人们任她抽。我见到她时，她一副无所谓的样子，跷着二郎腿，上面那只脚摇来晃去，一支接一支地抽烟。如果没在厨房忙着干活儿，她就会不停抽烟。她喜欢在厨房做事，前提是没人要求她去做。她一点也不随和，有人要想把她从无所事事中捞出来，她会突然发火。大概十七岁时，她变得很凶，火气大得让人无法忍受，于是被送进了精神病医院。

在医院里，一旦有女社工经过，看不见、听不见的她便会扑过去攻击人家。她刚入院不久，就攻击了社工，咬了对方的脸。那发生在她开始找我进行治疗的前两年。她像母老虎一样扑向女社工。她只攻击女社工！或多或少地，凭借海蓝色制服，她能识别出她们。我了解到，她攻击的第一个人是向她母亲提出精神病医院方案，并带她入院的人。接下来，她开始攻击其他人。有一天，一位刚刚被任命为医院高管的医生看到这只孟加拉虎猛然扑向猎物。女社工从走廊经过，毫无防范。卡丽娜成天无所事事，还有几分危险。医生打算研究研究她的资料，判断她能否来图索医院，尝试开始一段心理治疗。她在精神病医院待了三四年，那里没有为她做过任何事。总不能将她关进单人间，也不可能在女社工经过时用绳子拴住她。

十九岁时，她来到了图索医院。她从来没有过主体的身份，她只是她的家庭以及社会的部分客体。我同她开始了心理治疗。她的母亲把她从精神病医院接出来，带到我这儿。

讲述整例个案会过于冗长。其中的一个难点是让卡丽娜明白抽象的词汇。

她对我真正产生个人移情是在我擦护手霜的时候。那是冬天，由于双手开裂，我擦了柠檬味的护手霜。这是我很喜欢的一款护手霜。她用鼻子模仿了被某种味道引起注意的样子。我发现她闻到了自己感兴趣的气味，于是把手伸了过去。她拉住了我的手，我向她展示这是我的手。她闻着我的手，露出了愉悦的表情。就这样，联结真正建立起来了。

渐渐地，我阉割了她对抽烟的渴望。第一次我尝试让她别总在晤谈中抽烟时，她很不愉快。最终，她因为喜欢我而同意了。我给了她铅笔、纸张和橡皮泥，而当不停抽烟时，她是做不了其他事的，始终自我封闭着。后来，她允许了晤谈（对香烟）的剥夺。

另一个困难是让她认识到——我不知道自己是否成功了，但我倾向于认为是的——友谊和情感不是肉欲。我抓住她的手臂或者碰触她的肩膀，然后在一块神奇的石板上写字。在把可移动部分抽开后，字会自动消失："友谊""多尔多夫人，卡丽娜的朋友"。她用右眼看，歪着头，离石板很近。她说："嗯……嗯……嗯……"她仿佛逐渐明白了。之后，效果延伸到亚尔雷特太太，我们的女舍监，还有其他一些人那里。她开始注意到咨询中的其他人，我向她一一做了介绍。

惊人的事情发生了。如何在盲人那里理解这件事呢？一天，母亲来了，对我说："早上发生了很不幸的事。"她每两周接女儿一次，时间是在周六。她照管女儿直至周二上午。周二是我做咨询的日子。到我这儿做完咨询，她再送女儿回医院。然而这天，卡丽娜早早就起床，去了母亲的梳洗间。母亲是天主教徒，非常"规矩"。卡丽娜羞怯地用母亲的化妆品精心打扮了一番。她擦了口红，抹了腮红，到处都扑了粉。父亲看到她的样子，给了她两个大大的耳光，说："这下可好了！我女儿变成了妓女！"这很不幸。卡丽娜来晤谈时十分紧张。至于我，我很钦佩她，因为她丝毫没有以滑稽的方式过分打扮，妆化得一点也不过。天晓得，当十四岁的女孩想自己涂口红或眼影时，我们会看见什么样的假面舞会！但是，她的妆完全不像这种。她化了一点淡妆，并且足够有品位。她化出了自己的优势。她是为我，以及为咨询中的这些人而打扮的。

要修复这个创伤并不容易。我请来了她的父亲，与他交谈。我对他说，在没有更好解决办法的时候，毋庸置疑，精神病医院这个方案减轻了他的负担。但现在，卡丽娜变了。

你们知道，先天愚型患者在因身体和打扮受到充分认可而自爱时，会有一些举动。这些举动，有时我们也能在卡丽娜身上看到。她喜欢展示自己，期待我们对她说一些赞扬的话。我们不明白她想要说什么，她写道：卡丽娜漂亮。这非常动人。

她越来越有人情味了，会做些烹饪以及别的家务活。从此，家人可以每周照管她一天而不受妨碍。母亲重新去找了卡丽娜住院前那家作坊。这家着重照顾年轻低能女子的作坊同意再雇用她试试，每周一个下午，就在图索医院有晤谈那天。就这样，她重新开始和其他人一起工作。重要的是，她喜欢这些人，大家也喜欢她。

她以前没有经历过这个变化，即使是在十四岁的时候。那时，她只是跟随老师学习，与其他人并没有什么来往。只有在作坊里，这才变得有可能。

精神病医院决定让她出院。这时，发生了一件特别的事。之前我们已经商量好，她可以继续做心理治疗。在正式出院前的那次晤谈结束后，她回到了待在候诊室的母亲身边。亚尔雷特太太问："哦，卡丽娜，要回家了吗？要离开精神病医院啦？"紧接着，她又问母亲："她是今天回家吗？"本来坐得好好的母亲突然倒在地上，晕了过去。亚尔雷特太太给我打电话，十分慌乱。我对她说："千万别碰她！"我们就等着，让她躺在地上，仅将一个垫子垫在她头下。卡丽娜留在旁边，吸了根烟，好像一边看着母亲一边晃着腿。她很高兴，但又尽量不表现出任何情绪。总之，她没有被吓到。最后，我跪到这位母亲身边。她刚微微睁开一只眼睛，我就对她说："您之前发生过这样的事情吗？""我怎么啦？"我把舍监在她晕倒前说的话又讲了一遍。我很疑惑：这个女人到底在重复什么？她感叹道："我不太记得了。但是，我在第一次来月经时晕倒过，第二次又晕倒了。之后好像就再没发生过。"这就是全部。这件事没有下文。如果这位女士想见心理治疗师，应该是为了她自己。特别的是，卡丽娜回家意味着从今往后，家里就有母亲和年轻的女儿这样两个处在生殖活动期的女人了。卡丽娜的母亲现在坐在了自己母亲当年的位置上。作为独女，她在第一次来月经时成了家中的第二个女人。

这是一个很奇怪的故事。在精神分析中，我们不可能知道所有的细节，因为我们不可能知道病人在移情中的所有体验。

现在，卡丽娜完全适应了作坊，每周挣六百法郎。她制作包具，甚至能使用缝纫机。

她狂怒过一次，想要砸烂所有的机器，因为辅导员禁止她使用机器。辅导员给我打电话时，我答复说："不然您让她试试？""但她会把手指刺穿的！所有人都害怕。"然而她做得很好。她开始用缝纫机缝合直条。现在，她可以用缝纫机给包做缝合，可以从头至尾驾驭包具的生产。

这就是对一位十九岁年轻盲聋女子的精神分析治疗。人们确实给她贴过"低能"的标签，但她其实非常聪明！

参与者：她不说话吗？

多尔多：人们不太能听懂她说的话。她已经恢复上正音课了。她写字、画画，想办法让喜欢她的人理解她，尤其是让作坊的同事们理解她。

我要补充一部分内容。这部分是卡丽娜成长的高峰。她所在的精神病医院有一个北非人，一个"好"男人。他病得不是很严重，有点抑郁。他们交换过香烟。她问他要烟，他给了她。她自己有烟的时候也会递给他。有一天，他们睡到了一起。医院的人十分慌张，她的母亲也是。卡丽娜那时二十一岁，心理治疗已经进行两年了，认识这位男士也有几个月了。

这件事发生在光天化日之下，就在病房里。另一位病人看见了，想强奸她。她极端愤怒，我们因此才知道了这件事。她吼叫着说，不愿意要这个男人。她让大家明白她爱的是另一个男人，而且想与他重逢。人们总是谨慎地设法避免这种事。我借着这个意外给她画画，并且用橡皮泥呈现男女的性器官。我对她说出并且写下了这些词："现在，你是女人了。"因为不知道那位男士的名字，所以我称他为"给你香烟的男士"。她非常高兴。自然，母亲以及医院的人忐忑地等待了一个月：她怀孕了吗？她来月经了！没有第二次了，人们避免再让她去男病区。在我们——她和我——能够交谈这份绝妙的体验之后，她真正开始成长起来。她的母亲说："居然有这种事，她有性需求！这真可怕！"她以前就有性需求。这件事发生在母亲晕倒的三个月前。

我不知道更早地开始一段精神分析治疗是否可行。如果病人的社会融入稍好一些的话，或许可以考虑较早年龄的治疗。我这里仅限于讲对这一案例中所发生的事情的观察。

我同意结束卡丽娜的心理治疗。她是这样申明自己的愿望的。她进来，对我说你好，坐了两秒钟，对我说再见。有一天，她给我带来了自己组装和缝制的包。她高兴地向我道谢，说再见，然后马上就离开了。她母亲说卡丽娜在作坊和在家一切都好。为了被更好地理解，她恢复了正音课。当别人听不懂她在说什么时，她会用神奇石板写下她想要说的（这是她与我所开创的方法）。

第五章 技术·缄默症儿童

如何治疗缄默症儿童——家谱中的秘密——壁柜中的幽灵——对面具的认同

参与者：有个沉默的孩子在我这里进行治疗。在初始晤谈中，我没觉察到他有提出任何要求。

多尔多：他有没有动机？这是当孩子来见我们时，我们需要自问的第一个问题。在第一次会面时，孩子常常不会提出要求。孩子还不知道治疗到底意味着什么，也不知道他们为什么来。也许父母没有让孩子做好思想准备，也许和您的第一次接触没有让他做好思想准备，也许您接见他之处的工作人员没有让他做好准备。

参与者：我还没陈述完我的案例。

多尔多：是的，但第一个问题就是这个。开场就是：他到底是不是请求帮助的人?

参与者:在他父母的请求下,我接见了他。他有些学习上的症状:阅读困难,而且很少说话。他就这样开始了心理治疗,到现在差不多有三个月了。他不仅说话有困难,而且每次准备要说些什么时,会做很多鬼脸。他就是说不出那些字。他的脸用尽全力,以至于把所有东西都堵住了。我试图和这个孩子建立一套象征性付费的体系,但他很难领会。从第二次或者第三次治疗开始,我要求他带一幅画来。每次我都需要问他:"你有没有带点什么东西过来?"他总是非常沉默。在他保持沉默时,我问他:"你在想什么?"他每次都回答:"什么都没想。""你脑子里都有些什么呢?""什么也没有。"无论是明确的问题还是笼统的问题,他似乎都听不明白。他看上去魂不守舍。如果我重复问一个问题,两三分钟之后,他好像忘记了我的问题或者根本没听到:"我不知道您刚才说了什么。"

哎,我也不知道该怎么办了。这个孩子给作为治疗师的我带来了难题。我很困惑:一定得榨取他的话语吗,就像得驱除他身上的沉默或者必须容忍他的缄默?

我的问题就是:如何让一个沉默的孩子说话?

多尔多:语言并不仅仅指话语。至今为止,这个孩子完全没有和您进入语言的交流,不管是哪种形式的语言。

参与者:他有时会点评自己的画。

多尔多:是言语的还是文字的点评?

参与者:他会说他画了什么。关于这一点,我也反思,需不需要让他点评那些作为象征性付费的画？通常我只是把他的象征性付费收起来，并不会去谈论它。

多尔多：根据和孩子结下的契约，那些小石头、地铁票、五生丁硬币，甚至仿制邮票，实际上都是对一段分析关系的准备。这样的付费作为付费本身，并不是用来言说的。但是，这种付费不可以是画。如果孩子带来了一幅画，它就不再是象征性付费了，而是一种"言说"，一个幻想。就像在晤谈中，为了和您沟通，他所呈现的内容一样。

另外，我们并不能确定他带给您这幅画，是不是因为父母知道了您提出的要求而威胁他带来的。父母希望他得到治疗。我们仅仅是为了确定孩子的欲望才订下象征性付费的契约的：不是来见我们的欲望，而是被治疗、被帮助的欲望，在知道实际上我们为我们所做的事情收了报酬的情况下。

我们不能仅因为孩子有症状，就为他做治疗。要和提出请求的人——在此情况下提出请求的人是父母——一起，在孩子在场的情况下谈一谈这些症状。必须了解身体语言的起源。孩子的躯体语言起源于与父母的关系，必须从父母那里了解到孩子的故事是如何首先登录到躯体语言中的（他们是唯一可以和我们谈这些的人）。孩子是怎么被怀上的？与他们意识层面的欲望相一致，还是相悖？孩子是意外被怀上的吗？在意外的情况下，孩子是否很快就被接受了？有没有过流产的意愿或者尝试？有过自发性流产的危险吗？

之后，需要向父母了解孩子出生时的情况，他的身体、精神、情感状况，他们知道孩子性别后的反应，给孩子取的名字；同样需要了解新生儿的外貌，他的健康状态，母亲的健康状态，母乳的情况，喂奶的情况。

我们要像这样在父母对孩子躯体语言的讲述中辨认出孩子的欲望，这个不太表现自己的孩子的欲望。孩子的经历构成了起初几次晤谈的内容，特别当孩子是被家长或者老师带来时，因为他自己并不是提出请求的人。很多孩子都能凭借某种东西立即和精神分析家产生互动：画、橡皮泥、用来撕的纸。他们还能通过行动和精神分析家互动，如指向某物，开灯或关灯。这些孩子立马就能进入关系之中。这些就是语言，但不是口头的语言。我们已有足够的东西去建立沟通的桥梁。

在我看来，您谈到的这个案例尽在不言中。这个孩子在重复着什么。精神分析家要去了解主体在重复什么。他也许在重复一种对倾听的需要——他从没找到过这种倾听，也许仅仅是一个投射的客体。我不确定那是什么。您是在机构里接见他的？

参与者：是的。

多尔多：这就是困难所在。特别是之前见孩子的是另一个人，这个人把他引荐到我们这里。他的父母同时在被其他人"跟踪"治疗。

在头几次晤谈中，您和孩子的父母有对他的经历进行澄清吗？

参与者：我是通过孩子的症接待他做治疗的，而不是为了他的症状。

多尔多：您没要求他的父母向您解释他是怎么发展到这一步的？

参与者：表面上看，故事背景很平常。他在童年时没发生任何特别的事情。父母只是有点焦虑，担心这个不是很可爱也不是太友好的孩子。这并不是什么"大事"。

多尔多：这就是他自己听到的别人所说的全部。在家谁说话？谁和他说话？说些什么？他在晤谈中总是很沉默吗？

参与者：这恰恰是问题所在。他从来不自发地说些什么。因此，我强加了一个期限——从六月到十一月，等着他能明确提出要求。情况并未好转。我尝试通过象征性付费，让他对自己的话语负责。

多尔多：您这么做完全是有道理的。

参与者：但这并没有带来什么结果。

多尔多：不是这样的，不是什么都没带来，而是什么都还没给出来，因为他还不知道和你的交流（échange）是什么。只有在移情的关系扎根之后，象征性付费才有价值。看上去，这个孩子目前正和您处在一个移情关系里——如果这算一种移情的话。这是一种恐惧性移情：一位先生看着他，他看着这位先生；一位先生让他画幅画，他就给这位先生带一幅画。如果这位先生问他画上有些什么，他也会回答，但是他并不明白自己为什么来接受治疗。

参与者：也许今后他能表达出自己的看法。

多尔多：不，不会的。他要首先和父母谈谈，弄明白自己是否希望进行心理治疗。不给您带画这件事应该会促使他去和父母谈一谈。我确信他也需要您去和他的父母谈谈。当他说的时候，是通过父母的嘴巴，通过他们的焦虑说出来的。

他的声音抑制是怎么开始的？您知道吗？他的父母肯定不会拒绝向您澄清这个障碍的根源，也不会拒绝向您澄清一切与孩子的口语性有关的问题：他是怎么被带大的？是如何被喂养的？是谁将他带大的？是保姆还是母亲或者奶奶？有没有发生过致命的事件（因为抑制通常源于对家庭内部致命性事件的回应）？

我认为，对小孩子来说，由家长说出所有关于声音抑制的起源，或者其他并不单纯是声音抑制的抑制起源是非常重要的，除非他是足够大的能说话的孩子，并且我们感觉到赞成心理治疗的父母永远不会说什么。也许母亲还在替这个孩子擦屁股吧。这样的话，让他和您说话就没戏了。他大便能够自理了吗？

参与者：早就可以自理了。他在这个方面没遇到太大的问题。他很自立。

多尔多：他自己穿衣服？

参与者：是的。

多尔多：几岁了？

参与者：九岁。有两个弟弟。

多尔多：他话语的抑制……

参与者：是一种肢体性抑制，特别是在家里。他频繁做鬼脸，以至于把自己卡住了。

多尔多：也就是说，他在通过别的方式表达自己。他不能用嘴巴来说。他可以用眼睛来说吗？

参与者：这正是使我震惊的地方。他眼中一片空洞。

多尔多：按理说，我们可以认为他不是他父亲的儿子。[①]他九岁了，之所以发展成这样，是因为他已经了解了这一事实——通过听到别人的谈论。他作为男孩的话语——将近七岁时就应该获取的——完全被封锁住了。这个家庭里一定有秘密。为了保住脸面，他不得不闭嘴……

参与者：在我的职业生涯中，他是唯一在话语面前如此空洞的孩子。我知道他听到了我的每一个问题，但每当我重复这些问题时，他都说自己什么也不知道。

多尔多：他经历过什么创伤吗？身体上的或者其他类型的？

参与者：他们告诉我从出生开始，他就不说话。

多尔多：他并不是一个不说话的人，而是一个不沟通的人。

参与者：是的。您暗示说有一个秘密。我问过他："在你们家，谁不说话？""有我。我脑子里有死亡的念头。"

---

① 在另外一次讨论中，这个假设既没有被验证，也没有被孩子的治疗师否定。

多尔多：他是这样回答您的？不。是您有死亡的念头。

参与者：就是说他太沉默了，就像是死了。我对他说："在你身上，在某个地方，在你家，有东西已经死了。是这样吗？"为了解释这个问题，我补充道："在你们家，谁死了？"他回答说："舅舅。"就在我们接待孩子做咨询的时候，他的舅舅上吊了。于是，我们谈了谈他很喜欢的这个舅舅。

多尔多：这个舅舅①和他是什么关系？

参与者：是他妈妈的兄弟。孩子通过电话知道了死讯。他告诉我这对他有些影响。嗯，就是这样。

多尔多：至少，我们已经获知这些了。这是在六月的时候发生的，是最近发生的。但看起来，孩子很久之前就出现了言语抑制和学习交流抑制。

参与者：我们的第一次晤谈是在六月。

多尔多：他舅舅的死是最近发生的？

参与者：差不多是在九月。

多尔多：除了这个舅舅，壁柜中还有其他幽灵。还有别的事情。

参与者：有话语。

多尔多：不是的。这个故事关系到的不是话语，而是脸。他的脸阻挡了气流。气流本来是会让他听到话语的。您说他做鬼脸，可能就是他在尝试说话时丢脸了。这很重要，因为脸是

---

① 法语中的"舅舅"和"叔叔"是同一个词"oncle"。——译者注

在主体接受自己在镜子中的视觉意象时才变得有价值的。

我们需要知道他在更早的时候有没有受到过抑制。比如说，小时候受到的叫喊的抑制。

舅舅的死不是所谓创伤性事件，秘密不可能是这个。但是他能和您谈到这件事，这已经非常重要了。

参与者：是的。哪怕舅舅的去世有创伤性的内容，但它发生得太近了。怎么说呢，它可能无关紧要。

多尔多：并不是无关紧要，因为舅舅是母亲的同胞。母亲的兄弟，尤其是哥哥，总是极其重要的，特别是如果孩子和他用同样的姓——比如，孩子的父亲不承认他（在这个男孩的案例中，您对此一无所知）。母亲家系的男性非常重要，因为外祖父和舅舅、母亲曾用相同的姓氏①，他们与母亲之间的位置关系是由性关系的禁忌来界定的。

我们经常可以见到因生父或养父很迟才认他们而产生抑制的孩子。也就是说，孩子见证了自己姓氏的改变，见证了自己作为儿子的地位的改变，见证了自己作为母亲唯一的主宰这一地位的改变。在有一个男人出现在他与母亲的二人世界之前，孩子使用的一直是母亲的姓氏。

在这例个案中，我什么也无法告知，因为抑制的根源没有被探讨过。缄默症通常就是这种类型的抑制。这是孩子的症状，孩子通过保守秘密来保护父亲或者母亲。比方说，当我们

---

① 之前在法国，女性结婚后需要随夫姓。——译者注

和母亲工作时（孩子随意进出，可能听也可能不听），母亲会在一段时间的沉默后说："有些事情我永远不能和您说。"之后，终于有一天，她说了出来。这一天孩子甚至都没出现，但他自然而然地就开始发声了。因为母亲在发现自己和男人的关系中有什么样的象征性的同时，也开始发声了。这有可能涉及她的第一任丈夫、她的兄弟、她的父亲或者她的情人。

参与者：但是母亲不会当着九岁男孩的面说这类事情。她也许会在孩子不在的时候说。

多尔多：是的，这也是和母亲或者父亲单独晤谈时存在的差别。

父母会出席最初几次晤谈。之后，如果可能的话，我们应该继续见父亲——父亲回来的频率通常低于母亲。在父亲离开后，我们要和母亲解释为什么我们下次才能接见她。我们要探讨父亲的俄狄浦斯期：他是怎么迎接父亲身份的？他是否觉得自己已经足够成熟，可以做一个父亲了？孩子有没有扰乱他的睡眠？孩子是否弄乱了一些生活计划？孩子最初对他来说是一种幸福还是一种负担？简而言之，必须借此领会到孩子的躯体语言，父亲所听到的孩子的躯体语言。孩子分别和父亲、母亲在一起的时候，躯体语言是不同的。

接下来，就是关于父亲欲望的问题：您对孩子有什么希望？您是如何照料他的？他独自一人时会和您一起玩吗？您觉得他开心吗？

参与者：请再详细谈谈，精神分析家和父母的谈话是如何帮助孩子找回他的经历中的某些东西的。

多尔多：这些您是能在晤谈中看到的，作用就发生在孩子进进出出时。孩子们非常奇妙，总是在父母需要他们不在的时候自行出去。（必须为此感谢他们，同时让父母注意到孩子的恬耻和敏锐感。）

参与者：我已经和这个孩子进行三个月的心理治疗了，想请教您如何从技术上解决这个问题。我需要和他的父母单独见面吗？还是和他们同时见面？是该当着孩子的面晤谈，还是在孩子不在场时晤谈？

多尔多：您要要求和父母见面。您可以这样和他们说："现在我更了解你们的儿子了，需要再和你们谈谈。"您可以当着孩子的面接见他们。您要提前告知孩子，这样对他解释："为了更好地理解你，我必须了解一些你父母的事情。其间，你想什么时候出去都可以，也可以留下。"

如果父亲或母亲说"我想和您说点事，但是不能当着他的面说"（经常有这样的情形），您应该问问孩子的意见，问他是否接受出去一会儿。如果他不愿意，您告诉这位父亲或母亲："您的孩子不愿意让出他的晤谈时间。那么，我会和您另外定一个时间。"

在治疗还没开始时，这不成问题；但是，一旦治疗开始了，就像我们谈到的案例那样，您要对孩子说您想和他以及他的父亲一同晤谈。您要问他觉得父亲会来吗，以及是否同意父亲来（如果他说不，我会很吃惊）。给他一封写给父亲的信，在这封信中要求父亲陪同儿子前来晤谈。

否则，我们可能看到这样的情形：父母觉得孩子在进行心理治疗，可孩子并没有在做心理治疗，因为他处于无法被分析的移情之中。

不幸的是，这种困顿在机构中很常见。接着，孩子会在能自己希望做一个分析时对做分析产生很强的阻抗。

正因为如此，我认为您必须从这样一种二元敌对的关系中走出来。

参与者：如果孩子拒绝呢？

多尔多：他拒绝什么？这样的孩子永远不会拒绝。他的话语——再者，是他的语言——目前被封入了父母的语言之中。他不仅不会拒绝，而且会如释重负。因为他背负着对整个家庭的分析，背负着对父母的分析。在父母身上，您已经感受到了他们对于晤谈的保留和迟疑。对孩子来说，一个人承受这些太过沉重了。

参与者：象征性付费的功能是什么？

多尔多：到目前为止，象征性付费是唯一他希望来您这里的证据。尽管我们不是经常有时间这么做，但是您看上去已经做好了进行一个五年分析的准备。这对父母非常高兴由孩子替代他们到您这里来。父母会非常有耐心，CMPP 也会很有耐心。但是投入这样一段工作对您毫无益处，因为这已经不是一个分析了。对这个孩子来说，您取代了一位父亲，一位不和他说话的父亲，甚至是一位不进入交流的父亲。长时间看着一个孩子眼神空洞地坐在桌边，是件很奇怪的事。哪怕他有一个注视也行，但很显然，他只是在看向自己的内部。他要说的还被囚禁在躯体的内部。

通过他的父母，您也许可以知道去世的舅舅背后隐藏了什么，也许能够知道母亲和她这位兄弟的关系是怎样的，母亲和自己整个家庭之间的关系是怎样的。

孩子的抑制都有一个开始的过程。比方说，有时是从持续两年经常复发的中耳炎开始的。这能迫使孩子持续躺卧，无法和别人说话。

同样还有一些模仿的动作，有母亲的"面具"、父亲的"面具"。您是可以觉察到的——也许就是这样一种状态。你能觉察到孩子认同于某人。这个人从来不说一个字，并且戴着面具。于是，孩子也坚持这样一种姿态。您需要用不伤害他自恋的话语问问这位父亲："您小时候也像您儿子一样腼腆吗？他呢？他出生的时候哭喊了吗？他还是小宝宝的时候呢？您是在他几岁的时候注意到他不再哭喊的？从何时开始，他在玩耍时不再大喊大叫了？"

语言在成为言语性之前，是身体运动机能性（moteur）的。在拥有面孔之前必须先拥有身体。但是，这个孩子看上去连身体都没有，更不用说脸了。每当他尝试对您说话时就脸部皱紧。我也不知道这是为什么。这是不是一个过早受到阻挠的孩子，因为他惯用左手？这也是有可能的。有的婴儿从六个月开始，只要伸出左手去做点什么，就会被打手——为了让他们使用那只"对的手"。

您知道这个孩子喜欢什么吗？什么动物或植物？他给您带了些什么样的画？内容丰富吗？

参与者：是些非常漂亮的画。它们通常都很小，但是画得很好。画上有一些树木，一些对孩子来说很常见的东西。

多尔多：是令人愉悦的画吗？

参与者：算是令人愉悦的。色彩丰富。确实，他画里的"这些"[①]都是在谈论自己。这也是我任他谈画的原因之一。他带给我三次有着同样含义的画：一些男人用斧子砍树，把砍掉的树装在拖车上，准备拿去烧火。

多尔多：您和他谈了这些被砍掉的、死去的树，那您有没有问他是否看到过死人？关于舅舅的死，他这时什么也没说？

参与者：没有。他只会说些画上有的，一点也不愿想象。

多尔多：他不做联想。他说过他认识的某个人会砍树吗？

参与者：他只是描述了他的画，就这么多。也是在这个时刻，他会突然鲜活起来，解除抑制，不再做鬼脸。对，我从没在我们的分析过程中见过他的症状。

多尔多：他和谁在一起时有这个症状？

参与者：和父母在一起时。在家，在学校。

---

① ça，法语中的指示代词，意为"这个""那个"。它在问句中能加强语气，也被用作无人称句中的主语。弗洛伊德所用的"本我"也是由"ça"来翻译的。——译者注

多尔多：说到"斧子"，他的姓氏是字母 H 开始的吗？①

参与者：不是。

多尔多：您知道他父母的名字吗？

参与者：不知道。

多尔多：这些都是我们在工作中必须了解的内容。在治疗初期，特别是对一个上了学的孩子来说，哑音 H 有着非常重要的价值。在和父母的晤谈中，您得顺便确定每个家庭成员的名字。

这把不停出现的斧子意味深长，尤其是他已经在学习阅读和书写了。也就是说，这把斧子把他带回了他曾经观察到的对某些事情的记忆之中。或许，他之所以对您重复"斧子，斧子，斧子"②，是为了理解其中意味深长之处。

参与者：我想过婆婆（或者岳母）的问题，也许她的角色很重要。我对自己说，这可能过于刻板。在第一次和父母晤谈时，我画了一个家族图谱，里面有爷爷奶奶、外公外婆以及一些旁系亲属。

多尔多：我也总是这么做，但不用图示，而是和父母去谈这些，去了解这个家庭内部的情感关系，以及孩子在面对其他人时的情感关系。这样我就会知道他说的是谁，比如说知道他叫"太婆"的那个人是他的外婆还是奶奶。我会问家庭成员的姓

---

① 法语单词中的 H 是不发音的。——译者注

② "斧子"在法文中是"hache"，与字母 H 同音。多尔多借此联系上文提到的姓名中是否有 H 这个字母的问题。——译者注

名，试图了解孩子是否喜欢他们以及是否被他们喜欢。当然，我也会纳入表系和堂系亲属。我会和父母解释："如果孩子在我们一起进行的工作中提到了一个名字，我可以立即告诉他，你们是同意他谈这个家族成员的。比如，我会和他说'是的，这个是某某阿姨'。"

在这个对孩子谈论自己家庭的许可中，父母必须以潜在的形式被感知到。父母可以很好地理解这一点，这就可以帮他们去除家长通常所害怕面对的，类似接受警察调查的感觉。

这些晤谈会有出乎意料的发现，找到一些被遗忘的事情：一些和他们住在一起却不是家庭成员的人。我就是以这种方式，多次与不可告人的秘密不期而遇的。实际上，这涉及一种三人关系。这对孩子来说是一种非常困难的处境，因为他要对父亲或者母亲一分为二。其中甚至有成为女婿情人的岳母。正是这些情境导致了孩子的缄默。这实际上是一种类精神病，有时会让人看走眼。孩子因抑制的症状来到我们这里，但只是在某些情境中才会抑制，而不是在任何时候都抑制。

既然这就是真相，既然孩子生活在这样的情境之中，就要由我们来帮助他，用话语辨认出这些形影不离的存在，使孩子能够谈及这些并且提出疑问。

第六章　临床·被遗弃的孩子的假性智力障碍

一切都能被说给婴儿听——被收养的孩子："孕妇裙"的小伎俩——被遗弃的孩子的孤独症和抑郁——保姆的断奶——精神科的误诊：假性智力障碍

参与者：我看到一个女人用小勺给三个月大的婴儿喂食，婴儿的母亲离开了。婴儿完全不能下咽，只是在吮吸勺子。我非常惊讶……

多尔多：特别是如果我们没对他说勺子是由金属制成的话。

参与者：孩子只有三个月大。

多尔多：是的，但那又怎样呢？一定要对他说："我用勺子给你喂奶。这是今天的乳房。"否则，他什么都不会明白。在乳房重新回来后，他会把它当作勺子。可以告诉婴儿任何事，任何能够支持他对现实的感知的事。

参与者：那要如何对他说呢？

多尔多：就像您在对另一个人说话一样："你妈妈不在，不能给你喂奶。你肚子饿了，我先用勺子喂你，因为我没有别的办法。"您可以这样对一个才出生八天的婴儿说话。

参与者：您认为这能带来些什么？

多尔多：对，这肯定会带来些什么。孩子会对自己说："好吧，我必须吃。我同意，这不是乳房，是勺子。"为什么不能用勺子呢？我们可以很好地使婴儿适应用吮吸乳房之外的方式进食，满足饥渴感，前提是要对他谈及这些。如果他不愿意，我们就对他说："好吧，你不喜欢勺子？可你肚子饿了呀。"这是真的：他饿，他渴。他能够在一定时间内不吃奶也不喝水，但是不能没有对液体的吸收，哪怕是以输液的方式。

婴儿比我们想的聪明得多。也就是说，我们每一个人在还是婴儿的时候，都比现在作为成人的我们聪明得多。当有人对他说话时，婴儿完全明白对方使用的语言。和他说话的这个人应该与他沟通那些他已有所感知的事物，并且将他正在经历着的、体验着的事物化为话语。

我们可以和刚出生的婴儿说话，不过也有一些精神分析家对此并不接受。然而，正是从出生时起，一个人最初听到的一些事情会在他的生命中打上烙印，并且在他记忆的磁条上永不磨灭。

参与者：我遇到过这样一个问题。一位母亲拒绝告诉孩子他是被收养的。父亲在与我谈及此事时，说："不，我不愿意毁了我的家庭。"我和母亲一起展开工作，引导她讲述自己的童年。在这位女士的母亲去世后，父亲再婚了。继母让她叫自己"妈妈"，没有对她吐露真相。有一天，一位邻居对继母说："养育这个孩子，您可真是有勇气。"这使真相浮出水面。继母晕倒了。这是一个对她和孩子来说同样可怕的时刻。就这样，我接待的这位女士开始谈自己那些痛苦的记忆，最后同意对养子讲出真相。直到那时，她都在养子身上投射着一些很痛苦的情感。

多尔多：通常，在养父母这里，对孩子的投射伴随着对其亲生父母的鄙视。亲生父母对他们来说代表着攻击、危险。他们对孩子血缘上的父母有一种真实的恨，然而他们作为养父母的喜悦是归功于亲生父母的。我记得一个十五岁男孩的个案。他的养父母互相称"某某先生，我的丈夫""某某女士，我的妻子"。他们很富有。"某某先生"说："某某女士永远不会同意我们对孩子讲这件事。""某某女士"则把同样的意愿归于丈夫。我分别接见了他们。有一天，我直截了当地说："你们知道，这像是在看木偶剧。你们各执一词。太太，您对我说是您丈夫不愿意。他呢，对我说，是您不愿意。"这位女士回答我："那也就是说，他有可能不会反对。"我让她注意到他们之间的矛盾，明确地说："如果孩子提出这个问题，我不能对他隐瞒真相，只能让他去求助你们中的一位。"

最终，男孩向父亲提出了这个他在心中逐渐成形的疑问。

他觉得自己有一个滑稽的家庭，有很多不认识的叔叔阿姨。他还补充说，他有一个非常奇怪的记忆：来到家里时他躺在篮子里。这一天，他是一条小狗。这是他关于收养的记忆。

我对他说："去问问你的父母吧，看看这个滑稽的家庭里是否有秘密。"父亲告诉了他真相，又对他说："去和妈妈谈谈这件事吧。"

母亲玩了个小伎俩。她取下箱子，箱子里装着淡紫色的孕妇裙。她还给他展示了婴儿的小鞋子。

再来晤谈时，他对我说："您明白，她要了个小把戏，让我看孕妇裙。我可不能这样对她！我对她说，我现在更想住用人房。"（这位女士让这个十五岁的男孩住在与她的房间相通，出进必须通过她的房间的小单间里）母亲接受了。当我再次见到她时，她问我孩子是否知道了真相。我回答："是的。"她表示："这很好。我给他看了我的孕妇裙，什么也没说。"

事情到此为止。男孩保护了养母曾经生过孩子的错觉。他知道她年轻时经历过不幸。他说："我不和她谈这些。谈了又能有什么不同？我爱她。她也爱我。"

这件事其实出现了有些戏剧性的反弹。可以告诉你们，我担心了十五天。男孩长出了一脸的粉刺。粉刺突然泛滥是在与父亲谈话后的第二天。当然，这已经酝酿一段时间了。和这个年纪的男孩一样，他脸上也有一些粉刺。而那天晚上回家后，他发现自己脸上全是粉刺。我对他解释说："您可能正在将小狗的脸变成一张年轻小伙子的脸。这个年轻小伙子发现了关于父母以及他不认识的亲生父母的痛苦的真相。"

他的智慧曾在学习上完全失灵，现在终于恢复了。他落后过，但完全能够走出低谷。他开始学习，彻底安下心来。

参与者：您能否说明一下您写的关于被遗弃儿童的文章？您说我们与他们处在一个分析情境里。

多尔多：我可以马上说，因为我见过不少这种情况。我认为，在这些情况中，一切都取决于精神分析家的移情。对于一个亲生父母不再处于他生命时空中的孩子，一旦我们要跟他进入关系，就可以对他说，他得独自去面对。他要独自一人呈现原初场景，通过这种方式处在一个主体的情境里。不过，给予他成为主体的可能性，促使他成为充满降生欲望、充满生活欲望的主体的是我们这些精神分析家——如果他在我们身上找到了适合帮助他的他者的话。如果他愿意和我们一起工作，他会在主体的位置上比其他孩子得到更多的解放。由于身世，他认同于曾经的保姆。他在保姆身上转移了什么？转移了他还是胎儿时的母亲和父亲。我们可以一开始就对他说清这些。

他没成为过成人的投射对象。在这个意义上，我说过这个问题，也许说的方式简略了些。我说过被遗弃的孩子处在分析的情境里。也就是说，与其他孩子不同，他不用从父母可能会在他身上所做的投射中挣脱出来。父母可能会对孩子有一些投射，比如他们想象中的孩子是怎么样的，或者他们希望孩子有怎样的性别。

参与者：有时，养父母也会……

多尔多：养父母所做的仅仅是对孩子移情。我们确实能够对孩子解释说，他们的亲生父母做了一切他们所能做的，养父母也一样，但主要是他们自己希望在这种被遗弃的状况中生存下来。

我与 DDASS① 的孩子们一起工作过，他们一出生就被遗弃了。我觉得，他们的处境反而加快了治疗的速度。保姆并非没有受到伤害——短暂的伤害，不是吗？人们会在保姆面前讲孩子的生父和生母。人们对孩子说此人（保姆）做了她所能为他做的一切，但是她对于他来说谁也不是。如果她要求司机、实习生或者其他任何人来陪伴她，这是由于她无法忍受这样的语言。如果有一天，在孩子没有她也待得住的情况下，保姆对监管员表示"我不能待在这里了。我必须留他一个人在这里。我整个下午都在呕吐"，那也并不奇怪。

事实上，会有一些出色的保姆因我们这样讲而感到轻松。当孩子转向她们提问时，她们会说："对，多尔多夫人说的是对的。我照顾你是收费的。你不是我的孩子。"这样一来，治疗就能有快速的进展。

有时，一些保姆会与机构里的精神分析师或儿科医生一起做团体工作。另一些人则永远无法参与进来。对于她们来说，我是一颗眼中钉。然而，她们还是会带孩子来，因为她们希望

---

① Direction Départementale des Affaires Sanitaires et Sociales，法国的国家社会公共卫生部门。——译者注

孩子能够走出困境。但这对她们来说非常痛苦。

参与者：那些呕吐呢？

多尔多：呕吐表达了她们对精神分析家的排斥。原因正是这些女人没有断奶。她们需要这个孩子，就像需要一个口腔客体，一个用爱吞噬的口腔客体，结果就是孩子走不出困境，我们必须治疗这个孩子。我们要逐渐对他说出我们所知道的事情，说出关于他的真相。我们要说他有生父和生母，说他想过而且希望过他们终有一天会回来，因为他看到过一些父母来接走孩子。他的父母却并没有回来过。

当被遗弃的孩子被安置到育婴所时，他不会马上崩溃。在一段时间内，他一边活在上述希望之中，一边将生母转移到围绕着他的团队身上，转移到其他孩子身上，转移到"阿姨"①身上。这位阿姨见过他的父母，甚至单独见过他的母亲。

如果这个阿姨被另一个接替了，孩子会在十五天内崩溃并陷入孤独症中。因为对于他来说，先前的阿姨是自己与母亲的最后连接。

在这样的情况下，我们可以对孩子说出真相，向他解释发生了什么。情况显然很有利，因为我们知道他是从什么时候开始进入这样的状态中的。

一个小女孩身上就发生过这种惊人的事。最终她走出了孤

---

① 在育婴所里，人们以这样的方式称呼与孩子没有亲属关系、照料孩子的工作人员。

独症，然而之前她只是蜷缩在床上，任凭自己快被活活饿死。在九个月以前，她的智力完全正常，测试结果都令人满意。可是在九个月大时，她崩溃了。我在她十一个月大时见到了她：长卧不起，不愿意进食也不愿意睡觉。她好转得非常快，在三个月内就走出了困境。十六个月大的时候，她再次完全坍塌：又尿又拉，重新缄默，不再进食。我说，让她来图索医院。我对她讲："你记得吗？你来过这里。那时你还小，不想再活下去。"她听着我说话，在晤谈中重新找回了自己的双腿。她开始看着大家。我对她说："我不知道发生了什么，但是，你肯定是有理由的。它让你再一次把自己糟蹋成这样。"

参与者：诊断，比如说精神科的诊断，有可能对孩子的治疗造成障碍吗？

多尔多：是的，有可能。这让我想起另一个小女孩。她在智力测试里每年丢五分。她五岁时开始接受跟踪治疗。跟诊的精神科医生对她母亲说："没希望了。"每年他都对她说："明年再来吧。"一开始，孩子的智商为 80，然后跌到 70，跌到 65。当我见她时，她的智商是 60。

小女孩的老师对她的母亲说："还是试试别的办法吧。不如去看看多尔多夫人。"她来时，我见到的是一个呆滞迟钝的女孩，双眼如落日一般。我从她那里什么也得不到，哪怕是一个字。她空洞（nulls）得像桌上的圆圈，是一个真正的精神发育迟缓的孩子。情况与测试结果非常相符，甚至更糟糕，因为通常这个水平的孩子还保留与人的接触，她却没有。

母亲告诉我，女孩是她与一个年轻男人的孩子。男人曾想在婚礼那天拒绝结婚。婚后，他们有了孩子。当她怀孕时，丈夫有一次可怕的焦虑发作。他将所有的衣物都从夫妻共用的壁橱里拿了出来，放进另一个橱柜，说："我不能再待在这里了。我不能忍受你怀孕这件事。"有一天，他真的离开了，再也没有回来。

他们结婚六个月就离婚了。她回到母亲家里生活，开始工作。她开始学一些为当社工而设的学业。养育孩子的是她的母亲。外婆去世之后，聋了的奶奶来与儿媳一起生活。正是这个时候，孩子开始出现问题。她那时有六七岁，在此之前，学习好像也能跟得上。奶奶来了以后，她在学习上开始迅速退步。

一天，小女孩问母亲："为什么我没有爸爸?"母亲回答："你并不需要爸爸，你有奶奶。"就这样，她毫不夸张地被扔进了迟钝呆傻之中。

我接见了母亲。她面对我坐着。旁边是小女孩，小女孩面前有一张纸。我的桌子靠近窗户，孩子们可以在桌子上写字。在母亲讲述孩子的出生悲剧时，我就在旁边看着孩子。小女孩什么也听不见。她疯傻迟钝，任凭母亲在她面前胡说八道。我看到孩子的双眼在"悄悄地打转"，眼神忽上忽下，好像在追随什么东西。在我通常坐着的地方，在两扇窗户之间，有几排书。突然，我对她说："你在用眼睛做什么呀?"猝不及防地，她说："我在数书。"我问她："你数到第几本了?""数到第五十二本了。"

这其实是强迫症，而不是智力障碍。我对她说："你数书是为了不让自己去听？""是的。""你不愿意听自己的故事？你母亲讲述的是你的故事。"这时，她做了一个动作，就像是在表达说这些事太糟糕了。

我对母亲解释了这个数书的孩子的眼神的重要性。"您的女儿没有智力障碍，她是强迫症。"

对小女孩的治疗不同寻常。那时她走路的样子就像骨盆被拆了，没有骨盆一样，就像她只有上身。她非常可亲，修女们很喜欢她，因此她没离开过预备班。人们怜悯她遭了那么多罪的母亲。我抢过话头，对这个女人说："您失败的修女人生还要持续很长时间吗？"她终于对我坦露说："我的前夫对我说他是同性恋。我不懂这是什么。""那您查过字典吗？""是的。我看到有人说这很严重，是一种变态。"我问她，他前夫是否认识这个孩子。"是的，他会来看她，但是法官禁止他们独处。"

法官要求这位父亲只能在他家以外的地方，在有现场目击者的情况下见女儿。前妻不愿再接待他。聋人奶奶则对他说："你能大点声吗？"她害怕儿子对孙女产生不好的影响。她视他为同性恋，这对她来说是"罪犯"的同义词。这个男人是她第五个儿子。奶奶说："您可以想象一下，我丈夫也是同性恋。我是在生了第五个孩子后才知道这件事的。"我问她："您与这个男人一起生活了十二年，却没有察觉他是同性恋？既然你们有孩子，那说明他还是会同您上床的？""哦，是的。""他照顾孩子们吗？""照顾得非常好。他是在最后一个孩子大些以后告诉我他是同性恋的。正因如此，我希望我的儿子都能结婚成家。"
"既然您的丈夫就是同性恋，那您确实能看到，结婚其实什么
也改变不了。""哎，是啊！"

她突然认识到，她为儿子规划的婚姻毫无用处。这不是解
决同性恋问题的办法。于是，她讲述了儿子结婚的背景——女
人之间，也是朋友之间安排的婚姻。这个男人直到那时都不知
道自己是同性恋。一个他很喜欢的、与他如胶似漆的朋友与一
名年轻女子订婚了，这名女子有一位女性朋友。四个年轻人一
起约会。在心仪的男性友人结婚时，他感到自己非常孤单，于
是答应了朋友的恳求，娶了另一位女子为妻。他的母亲证实了
他自己对我讲述的故事。在去教堂的出租车上，他跪在母亲面
前，一边吼叫一边哀求："我不想结婚。""太晚了。"母亲对他
说。母亲那时认为，只要结了婚，他就不会成为同性恋。

他离了婚，又再婚，在惊恐不安、觉得自己就要发疯时，
回去看望了寄宿学校的老师。父母在他五岁时离婚，从那时开
始，他就寄宿在这所学校。老师们宣称他父亲是一个"很好"的
男人，并说他生活在另一个国家。人们对他解释说："你父亲
受够了你母亲，他自称同性恋是为了离婚。这是唯一能被非常
封闭的环境——就像你母亲生活的环境——接受的理由。"

于是，这个男人去看望了自己以前并不认识的亲生父亲。
他们紧紧拥抱在一起，成了朋友。

至于小女孩，这个假性智力障碍者，则变得极其聪明。八
个月后，她的智商达到了 120。她的精神阻塞完全消失了，骨

盆运动机能的好转也表现在她所画的画中。在治疗初期，她只画童年的耶稣。（她是由修女养育的！）这些形象像是虫蛹，或是拴成几节（像香肠似的）的小阳具。那时，她总是重复画同样的东西：一根小香肠粘挂在支架一端，一只虫蛹黏在其中一侧。

这些图示与她的骨盆脱位十分相符。我要求母亲为她找一位精神运动师。这个孩子需要在心理治疗的同时，在她的身体意象里，在她的身体里重新发现自己。既然她画里的小香肠总是躺着，那么必须让她做躺卧的工作。

小女孩第一次做完精神运动后筋疲力尽。"一切都要被撕裂了。这里，我的肚子，还有我的腿都要被撕裂了。"她这样告诉母亲。之后她便沉沉睡去了。第二天，她无法去学校。在接下来的几天里，她重新找到了自己的骨盆。

当我负责这例个案的时候，时间还不算太晚。我认为，如果能这样说的话——出于谨慎和先见之明的影响，只要这个孩子有着发育非常迟缓的骨盆，她就能无意识地在精神层面上滞留。她的骨盆可以说是偏瘫的。

最困难的是说服奶奶同意小女孩在街道以外的地方见父亲。因为她父亲也来门诊，这就形成了一个三角局面，反而使其得以实现。父亲在门诊与女儿相见，并讲述了自己的故事。

我的精神分析家角色促使我建议母亲："为什么您不像前夫一样再婚？"她拒绝了，理由是因为神甫，因为上帝。我对她说："我不相信上帝会如此愚蠢。您可以要求将（法律上的）离婚转化为(宗教上的)婚姻解除。"我对她的前夫讲了这些，又对小女孩解释说，这完全不会撤销她父亲的父性身份。相反，这个父性身份会变得具有象征性(意义)，因为父亲为了女儿，站出来以自己的名义讲话了。

男人同意与前妻解除宗教婚姻。他们开始着手相关程序。我亲自证实了此事的动机。

母亲等到女儿十五岁，并且婆婆去世后才对我说："这真可怕。我的婚姻被解除了，但我比之前更害怕了。"我回答说："当然，您害怕陷入相同的故事里。不如您也做一个心理治疗吧?"我给了她一个地址，不知道她去没去。两三年后，我收到了她女儿的消息：她完全走出了困境，即将成为一名护士。更晚一些，她寄来了结婚喜帖。她母亲一年后也再婚了。

你们能从中看到必须要做的工作。精神科医生对我说："这是渐近性智力障碍。我们对此做不了什么。最后的结果会是精神病。"我问他："您了解这个孩子的经历吗?"他没有尝试去了解任何事，只满足于做测试。重要的是，要懂得这个孩子在肉体化①进程中经历了什么，她那并不属于自己的、不健全的骨盆上演了什么。一切都是不健全的。尽管如此，精神科医生还是帮了个大忙。因为，如果他认为可以做些什么，可能会

---

① 肉体化进程是多尔多提出的一个重要概念，指情感语言、非理性语言会在孩子身上留下痕迹并影响孩子的身心健康："他所感受到的和听见的都会在婴儿的身体上烙印，注册，登录。"这个注册，或者说"肉体支撑点"，被多尔多称作肉体化进程。

首先要求运动机能康复治疗，而这不并能帮助女孩深入问题之中。之后情况可能会更糟糕。

在面对这样的孩子时，我们可能会搞错：由于急剧发展的强迫性神经症，他们看起来像是正在走向精神病。我这次之所以能够识别出强迫性神经症，是因为孩子为了不听（我们讲话）而数书。

这向我们展示了为了给孩子重建父亲所必须做的分析工作：不仅是血缘上的父亲，"精子"父亲——如果能这样称呼他的话，还是象征性的父亲，孩子在生命的头几个月里所认识的象征性的父亲。重要的不是血缘上的父亲，而是象征性的父亲。象征性的父亲是这样的父亲：每个阶段的主动驱力以及力比多阶段连续性的阉割价值都能以他的名义得到升华。这些价值要经由成人教育者而升华。此人是被阉割了的榜样，而不是被挫败的榜样。也就是说，他是这样一个人：相对于他的年龄和性别来说，他行事完备得体，遵守规则。

第七章　技术·象征性付费

象征性付费是一份契约——这既不是一份礼物也不是一个部分客体——它不需要解析——象征性付费对沉浸在妄想中的老年女士的治疗效果——肛欲辩证法和主体辩证法——债的正面功能

参与者 1：如果孩子没有带来象征性付费，他会感到犯错了吗？

多尔多：象征性付费无论如何都不能成为治疗师使孩子内疚的理由。相反，如果孩子不给予这个东西（象征性付费），这表明他是自由的，我们会因此称赞他。在这种情况下，我们与他处于一种正面积极的社会关系之中，可这并不是一种治疗关系。孩子的拒绝甚至表明："我不想被你治疗。但我很愿意来见你，因为我乐意，或许你也乐意。"我们要在这个时候让孩子明白，我们很喜欢他，但是我们正在做的是一份工作。我们必须和他解释，他的父母——或者将他介绍到我们这里的机构——支付了三次晤谈的费用。从父母和机构的角度来说，这三次会面是用来谈他为什么需要心理治疗的。他自己则可以继续无拘无束地停留在困境之中——如果这些对他来说并不是困境，只是在别人眼里看起来是困境。

我们仅仅为提出请求的那个人工作，这是一个经受着痛苦并且需要倾诉的人。

这时，人们就会震惊地发现，象征性付费变成了一个自由情感的杠杆，借由某个人的帮助使孩子为了自己而去做治疗，或者通过杠杆拒绝治疗。

相反，如果对他说"你没有带费用，那我要把你赶出去"，好像我们很生气一样，我们就没有将他作为一个主体来对待，一个可以自由地以他的方式和他的自我相处的主体。他没有被尊重，没有与我们处于平等的关系之中。有些治疗师很难理解这一点。他们认为："如果不接待这个孩子，我会被 CMPP 责难。"

参与者 1：如果孩子连续几次都不带象征性付费，您会干预吗？

多尔多：我会指出他没有把它带给我。然后，我会问他第二个问题："你想来吗？""不想，我不想来你这儿。""很好，你这样说出来是对的。也许你母亲没明白你的拒绝是认真的。但也许她把你带来这里是有理由的，因为虽然你今天不愿意晤谈，可下次可能会希望再来。谁知道呢？也许连你自己都不知道。"

实际上，孩子和成年人一样焦虑，他们在面对移情性的大幅度情绪动荡和面对压抑内容的回归时有着同样的焦虑。需要分析孩子为何对晤谈没有欲望，阻抗要得以表达。如果孩子感到焦虑，我们可以对他说："上次也许让你感到很不愉快。也许你在来见我之前没做过噩梦，但来见我之后就噩梦连连。你'讨厌去见这位女士'。你是对的。"

我们会谈论对付费的阻抗——如果这算一个阻抗。主体的自由这时处于成人的欲望之中，是这些成年人督促他来治疗的。我们并不希望父母使用他们的权力，迫使孩子说些所谓真心话，就像是给某人提供愉悦的对象，并借口说这个人是为此而获得酬劳的，因为这是他的工作。

孩子不会在第一次时忘记象征性付费。我们要提前告诉他需要付费。如果有时他忘了，我们就对他说："这表明你不想再见我了。好样的。那么就由我让你的父母明白这一点吧。其实担心的是他们自己。他们来我这里是因为很担心你。可你呢，你一点也不担心自己。"

这能够帮助父母认识到孩子的自由。从这个程度上说，它被证实是有效的。这是第一步，教育中的第一步，对一个充满生活和成长欲望的人的教育的第一步。如果父母希望他们渴求成长的孩子停留在父母的欲望之中，他们的希望就与孩子的主体欲望背道而驰。与他们谈论这些已经意味着很多事情了：

"是的，我明白你们很担心。他不是个循规蹈矩的孩子。但重要的是，他首先得自己认识到自己的困难。现在，他还没有意识到这一点。痛苦的是你们，他完全不痛苦。"

有时恰恰也多亏了孩子并不为之痛苦的症状。一个遗尿的孩子，一个大便失禁的孩子，他并不痛苦。直到有一天，在九岁或十岁时，他听到小伙伴们说："你好臭，走远点。"这个是不同的，再说，他可以通过学会独自清洗干净来扭转局面。

对某些孩子来说，不去投注身体的某个区域更为重要。这个区域还属于母亲，他完全将属于母亲的区域留给了一个想象中的母亲。真实的母亲曾体现过这个想象中的母亲。在出现某些对生殖性欲的投注之前，他不能放弃对成年人的这份依赖。

参与者1：您是想说，当孩子的爱欲区域被抵押在母亲的身体图像中时，孩子就不能享有这个爱欲区域？

多尔多：是的，就是这样。

参与者1：象征性付费是一个长久以来您在所有讨论班里都会涉及的话题。对您来说，这就像是一个治疗可能性的主要辨认条件。您不觉得您对这个问题的坚持，与精神分析家显而易见的对象征性付费的阻抗形成了反比吗？

多尔多：的确有一种强烈的阻抗。

参与者：有些人说："我已经尝试过了，但不太明白象征性付费到底有什么用。我不知道这能否奏效。"有人提了这样一个问题："象征性付费的效果是否取决于我们对孩子讲这件事的方式？"

多尔多：是的，当然是这样，特别是取决于分析家自己体验到象征性付费的方式，就好像一定要全部无偿地关照这个小可怜。这些治疗师一会儿自认为是母亲，一会儿又觉得自己是父亲，这些孩子也确实没有因为父母的教育而向父母支付酬金。这种情境对精神分析家来说是错误的情境。

参与者 1：我们也经常向您提这样的问题："在打算引入象征性付费之前，您是怎么做的？"

多尔多：之前吗？我恰好看到了一些案例。在这些案例中，孩子根本不想做治疗。如果孩子不带来治疗元素，我们是能感觉到的。这样一来，他就变成了父母的小玩意儿。我曾经对孩子说："你必须让你的父母明白——我这边也会给他们做工作——你根本不想接受治疗。也许需要帮助的人是你的母亲，如果她感到担心的话。"

然而，在一个愿意为自己而来，但又处于拒绝的、负面时期的孩子这里，象征性付费的效果立马就能显现。我们在这些产生了负性移情的孩子身上观察到了这种效果。就是在和这些"反抗者"的工作中，我有了设置象征性付费的念头。他们需要这份反抗被听到吗？他们准备好为此付费了吗？或者说，这其实只是因为他们拒绝迎合同龄人，包括拒绝迎合同龄人的语言？这些就是我所考虑的问题。例如，孩子会说："我不愿意。我永远不会来见您。"我会回答："我也不愿意。我只愿意见那些有事情要说，寻求他人帮助的人。我的工作就是帮助那些不幸福的孩子。如果你不愿意，如果你没有不幸福，或者说即便不幸福，但你宁愿这样继续下去，那么我没有权力对你进行治疗。"

孩子应该得到这种对他者的尊重，至少应该和我一样得到这样的尊重。这样的尊重对孩子和成年人来说都是必需的。我不知道为什么要希望一个成年人在不情愿的情况下继续回来晤谈。有的精神分析家会要求病人回来，哪怕病人已经宣称"我不会再回来了"。如果这话是他在躺椅上说的，就要对它进行分析。当他们三番五次这么重复时，我们要提醒他们："您知道吗，我并没有把您在躺椅上说的话当作一种欲望来倾听，而是当作一种欲望的幻想。如果说停止分析真的是您的欲望的话，那您要站起来和我说。您要作为一个社会个体承担您的话语。下次我们可以来看看这个议题。"通常他们会重新开始，并在躺椅上坦言："羞辱您能让我安心。"说出"去你的""贱人"，然后边甩手离开边说"再见，女士"，这会让他们感觉良好。他们就是喜欢对现实想入非非。

有些人没想到精神分析家会将他们分成两部分，用两种不同的方式去倾听。在躺椅上，人们可以说一切他们想要说的，这是幻想。一旦站起来，他就是一个支撑自己欲望的人。应该由这个人面对我们，说他再也不回来了。

我认识一个精神分析家，他在一无所知的情况下让一位男士破产了。这位男士将所有的财产都用在了分析上。他先是用掉了一小笔遗产，到最后，他什么也没有了。他对不愿了解自己经济现实的精神分析家说："我一个子儿也没有了。我就剩一份工资了，还要付房租、养孩子。"这位男士谈到了现实。他站在门口，直面他的治疗师。"您应该早点告诉我这些。"对方回答道。一切都结束了。这段经历对于病人来说并不完全是灾难性的，他事后也明白了其中的意义。

我认为，精神分析家要对病人解释这个区别：在躺椅上所说的事情与病人像所有社会上的个人一样面对面所承担的欲望之间的区别。这一点很重要，但是很多精神分析家并不理解此类提醒的必要性。

同样，凭借象征性付费，孩子自己就会知道他什么时候有了消极负面的态度。他会过来，用这种方式告诉你"我恨你"。但是，他已经为此付过报酬了，他准时来了。这是他所需要的。正是这一点——付费并把它说出来——可以将他从令他窒息的肛欲驱力的压抑中解放出来。

当孩子有了正性移情，象征性付费的问题就不再如此重要了，因为孩子会带来一些具体的内容，以及过往的经历。这个工作总是经由移情进行的。这也是为什么要为移情付费，特别当它是负面的时候。

参与者 1：象征性付费会不会成为经过伪装的礼物？有位治疗师就问过您，是否需要解释孩子带给他的作为付费的画作。是什么让小石头、邮票具有了象征价值？这与抵押物有什么不同？在带来这件物品时，孩子会不会误解抵押物的意义？

多尔多：孩子在第一次（工作）时常会误解，以为我们是在索要礼物。对他来说，这就是一件礼物。他想让我开心。我告诉他："已经有人付过我钱了，我从事的是一份工作。我不需要礼物。我在这里是为了让你在生命中进步成长，而不是为了让你送我礼物。你是为了自己而付费的。如果你画了一幅画，如果给我这幅画能使你开心，就把画留下吧。这很好。（但是我不会说谢谢。）尽管如此，你还是必须额外带给我一块小石头。"这是完全不同的。

当用钞票付费时，我们不会去分析钞票，哪怕上面写着"吃屎去吧"。我们会收下钞票。它们的价值就是货币的价值，不包含其他含义。

但是，画作含有分析性材料。如果用画付费，我们就不能分析它了。在这种情况下，我们不去分析孩子在画中所呈现的东西。如果对作为付费的石头，孩子明确表示"我故意选择了一块黑石头"，我们可以回应他："很好。但我只是找你要了一块石头。它是不是黑色的，要由你来决定。"

有个小男孩连续两次给我带来了贝壳，而不是石头。"我找你要的是石头。这个是石头吗？""我不知道。""没有人告诉你这是一个贝壳吗？""有。""这不是一块石头。""它不是，可它多漂亮啊。""是的。你既想给我一块石头，又想给我些漂亮的东西。也许你想变得漂亮？有谁告诉过你，你很漂亮吗？"这个孩子被母亲逐出了家门。被抛弃以后，他自我封闭起来。事实上，如果他真的很漂亮，母亲也许就不会抛弃他了。母亲在怀他的时候希望是个女儿。对他母亲而言，他在出生前取代了一个死去的女儿。

在类似的案例中，我们会让孩子去说，而不是做分析。我那时没有分析他的欲望。关于贝壳的象征性价值，他希望我说"这个贝壳好漂亮"。这句话可能会给欲望一个浅小的倒影，他希望听到我表达出他的这个欲望。这就好像我对他来说是新妈妈，我会对他说他很漂亮，也好像通过这个部分客体，他会得到一些美的倒影，得到母亲欲望的一些倒影。在欣赏贝壳的同时，我有可能反照出这个部分客体的倒影。他是通过贝壳来进行自我呈现的。对他来说，我也许在那个时候重新进入了一个胎盘与他身体的关系之中，进入了半个贝壳的内部——它仅仅是半个贝壳，只有一半而已。在我们要一块石头的时候，孩子带来了一片贝壳，这一点非常有意思。但我既没有分析他的举动，也没有分析这个物件。大家看到了吗？这就是我们之间契约的价值所在。

参与者1：一些精神分析家的困惑在于，这不仅意味着孩子能够为他的欲望和移情付费，还意味着为了使分析成为可能，他必须付费。

多尔多：是的，他付费是为了不依附于别人，或者不那么依附于别人。出于他的幻想，他是依附于人的。精神分析家不要做任何让孩子依附于人的事。我们要帮助他，甚至是通过祝贺的方式——当他不付费时。

重要的一点是，孩子会在第一次故意违犯，而不是遗忘。遗忘同样很有意思："我想带过来，但是我忘了。"我们可以和孩子说："这就好像你是两个人：一个想，另一个不想。不想的那个占了上风。你来的时候，并不知道是谁在指挥。是那个遗忘的人（忘了自己是负责人）在做指挥，希望由我来帮他做决定，还是那个想为自己做决定的人在做指挥？你考虑一下。"

我们完全可以像对成年人那样对他说话。儿童精神分析中也许有——怎么讲呢？——分析家暗示的部分。这样一个暗示的意义在于，所有人都要承担他们的欲望，如果他们对自己的欲望有所担当的话。我并没有说这样的暗示不存在，相反，它显示出极大的有效性：恢复人的生活权力。所以，我认为暗示是治疗的一部分。自由的感觉就这样被归还给了一个人。没有自由的人就不再能称其为人。当然，这是我的个人观点。有些人也许觉得他们在分析中接手了丧失自由之物。毫无疑问，他们缺乏体验到这份自由的确信感，因此无法给予他人这种自由的感受。我不知道在我的存在之中，还有多少自由的余裕，我们中也无人能晓。但是如果没有这种自由感，我相信我无法感到自己是人类的一员。我想这里有一个形而上学的出发点，它就在我们每个人身上。

有些精神分析家拒绝接受人人身上都存有一份自由的观点。这种观点会让他们非常焦虑。他们的治疗是有效果的，能够很好地自恋，哪怕孩子什么材料也没带来。这是些从属于精神分析家的被治理者。很多儿童精神分析家都会说："这个案例是我的，你们别插手。"

一旦孩子能够自己逃开，我们就会失去占有的感受。孩子会慢慢地意识到重要的不是治疗师，而是他自己来到了一个位置上，一个他既不需要我们也不再需要其他人的位置。他之所以能够抵达这一点，凭借的是某人唤醒了他身上那种不再孤独的感觉，唤醒了他身上的两种构成的感觉：通过其中一种构成，他对自己施以母亲般的照料；通过另一种构成，他引领着自己，不再需要像孩提时那样依赖父母。一种辩证的关系会建构起他这个人。

和那个导致病人破产的精神分析家相反，我们治疗一个人是为了让他在自己的现实中，为了自己去使用购买力，而不是渐渐损害其购买力。我们要渐进地将购买力还给他。人们不应该将所有的钱都投入对自己的欲望幻想的研究中。这是一个精神分析家必须尊重的现实，包括在预算评估中。这个预算应该留给来访者评估。

和孩子的工作也是一样的。如果你拿了他一法郎，然而这一法郎是他全部的零用钱的话，你就要放弃这一法郎，哪怕孩子同意你拿走。你可以对他说："不，你父母已经付过费了。我要的是这样一些东西，它能够证明是你而不是任何别的人希望你做这个治疗。它可以是些小东西，如一张用过的地铁票、一张假邮票。这是你来这里的一个讯息，虽然我们还不知道那是什么讯息。这个讯息是你的一部分，你自己都还不认识的一部分。这一部分束缚了你认识的另一部分，它被卡在困难中了。"

这已经是在做无意识的这一部分工作了，但并不意味着现实就要服从于无意识的忧虑。当然不能。正是在这一点上，精神分析的伦理和技术连接了起来。这两点的联系非常紧密，最合适的说法是，我在讨论班中谈论技术，就是同时在谈论伦理。精神分析的终极性是什么？就是通过理解来为一个人服务。这种理解让这个人作为主体回归自己，而不是让他的欲望完全陷于内部冲突之中。这也是为什么我们的技术、伦理必须尊重人的发展规律。这些技术和伦理一定要在主体身上保持灵活性，不应该隶属于精神分析家。对于我们来说，这些技术和伦理也不应该依赖于除了主体之外的其他任何人。

在第一次给社区医务部门的治疗师做督导时，我遇到的个案是一位在精神病医院待了十五年的女士。她已经过了更年期，当时是和女儿一起入院的——因为一种双人妄想。后来，女儿继续住院，母亲出院了，因为她"平静"了下来。六年以来，这位女士每周两次到医务部门做心理治疗。她沉浸在同样的妄想中。考虑到她至少五十五岁了，我就对她的治疗师说："必须改变现状。就算只有一线机会，也应该重新给予她自由，并最终给予她做一些事情的可能性。这位病人无所事事，被全方位地供养起来。我们需要问她要象征性付费：一张地铁票。"在和她一起拟定了治疗计划的大致方案后，这位精神分析家就这么做了："过去六年的治疗给您带来了什么？""什么也没有。问题都还在继续。""那么从一月一号开始，我们就要做些改变。从那个时候开始，您每次都要带给我一张地铁票作为象征性付费。"

这件事最后闹到检察官那里去了！我们竟然找她要一张地

铁票的费用！这位女士是被全额资助的，政府部门甚至会为她的心理治疗提供交通费用。她把所有的时间都用来骚扰邻居。尽管只是轻微的烦扰，但是也足够恼人了。社工必须去安抚这些邻居，因为她会推家具堵门，借口是阻止人们向她扔些不知道是什么的发射物。她完全一个人生活，和外界的交汇仅限于和治疗师会面。

主任医生——一位女士——收到了检察官的信。她对这位精神分析家表达了震惊："您让这位女士付费？您知道，社区是没有这个权利的。"她要求精神分析家做出解释。精神分析家解释了情况，并指出是在我的建议下引入了付费，目的是帮助这个躲在家具后面的"无聊"的病人走出困境。主任医生提醒精神分析家，如果检察官决定继续追究的话，她就职位不保了。我对这位年轻的精神分析家说："既然开始了，就要坚持下去。"我们当时没想到这个象征性付费可以是打过孔的地铁票。我们一起研究了这个问题。病人的住所和医务部门只隔着三站地。这条大道上有三张长椅，如果她走路过来，可以中途在长椅上休息。

问题就这样解决了。她走路来治疗，并且用政府部门提供的地铁票作为象征性付费。结局难以置信，这位女士痊愈了。检察官的上诉最终变为免予起诉——我觉得我的名字起到了一定的作用。主任医生确信象征性付费值得尝试。尽管之前从来没听说过，但她认为我们可以试试看，特别是当她看到这位病人——这个曾经类似逃窜的老鼠的病人，即让自己被寄生也寄生于所有人的人——开始反抗。反抗是全新的情况。人们从来没见过她这样，之前，她只有受迫害妄想者的无声抗议。这次，在把所有的受迫害妄想都转到治疗师身上的同时，她开始与医疗部门的人说话了。她在讲到治疗师时说："难道这还不惨吗？她告诉我，我可以去另一个人那儿！但是我想去的就是她那儿。她没有权利这么做。"确实，这个医疗部门有四个治疗师，由我督导的治疗师给了她的病人去另一个治疗师那里接受治疗的自由。这位病人拒绝了。有治疗师徒劳地劝说她："那您来我这里继续心理治疗吧。"她固执地回答："不！不！"我们真正看到了什么是移情。

这也使我们确信："这的确改变了一些事情。"精明的主任医生也注意到了。

这位女士不仅痊愈了，甚至有一天在治疗的时候宣称："走路的感觉太好了！我早就受够地铁了！来来回回都在地铁上。以前我不得不坐地铁，因为他们给了我地铁票。"

不久以后，她要求治疗师改换一次晤谈的时间，因为有位邻居请她帮忙。这件事让她想要改变一切，也就是说彻底改变晤谈的时间。这种情况后来又发生了。慢慢地，她在一个人家里接下了一份小时工的工作，不再将自己封闭在家里。后来，她在一个需要帮助的人家里做起了全职工作：做饭，带孩子。

总之，这很了不起。这位女士自己拯救了自己。在过去的二十一年间，她是被援助的对象，有十五年待在精神病医院里，又接受了六年的社区治疗。

参与者 2：我感觉存在一个模糊地带。在"付费"与"象征性"这两个概念交汇的地方，有一种游移不定。

多尔多：是的。用某些东西进行真实的付费，用另一些东西进行象征性的付费。

参与者 2：也许只需要简单地保留"付费"这个概念，而不需要"象征性"这个概念。因为"付费"概念的背后，总有付出和花费什么的含义。

多尔多：是的。但金钱在肛欲辩证（dialectique anale）中占有一席之地，象征性付费却不是因此产生的：它不是将来访者置于肛欲辩证中，而是使他进入主体的辩证，进入存在的辩证。对来访者来说，通过象征性付费，他能向精神分析家以及自己证明，他们确实是适合的，是有重要的事情去沟通的主体。精神分析家则通过象征性付费，将来访者当作一个主体，一个对他分析式的倾听有所期待的主体。

您让我想到了一件事。那时我并没有完全理解这件事的意义，只是直觉上有所感受。事情是在图索医院发生的。我那时向一个青少年提出了象征性付费的要求，他大概一周有十法郎的零用钱。他每两周来一次，想每次付给我五法郎，从他的零用钱中抽取，由护士转交给我。这在图索医院是没问题的，因为宣称希望付费的人是他。然而母亲让他到办公室付这五法郎，作为门诊费的分摊额——这是护士阿莱特女士后来告诉我们的。就这样，这位母亲每次少付五法郎，为的是由男孩自己付剩下的五法郎。

我要说的是，如果孩子自己不支付他的那部分，她就不愿意为他付费。也就是说，孩子直接把钱付给了机构，而不是精神分析家。

阿莱特女士知道这是一个象征性付费，这个费用可以减到一法郎，甚至一生丁，完全取决于已建立的契约。她向我报告了这件事。孩子很不满。他想把这五法郎给我而不是给医院楼下的匿名收费处。母子俩吵到了我这里。我问发生了什么。"啊！小先生要这样，小先生要那样。他不愿意把那五法郎给收费处，想把它给多尔多夫人。"母亲说道。孩子则非常愤怒。

于是，我们谈了谈这个问题。母亲说："我禁止他给您这五法郎，因为我已经为他付过费了，他不需要再付您钱。"其实，这位母亲在禁止他成为他自己，禁止他以自己的名义在心理治疗中承担责任。她希望儿子帮助她付费，但不希望孩子以他自己的名义付费。

我们仨就这样陷入了僵局。我问这位母亲："如果您并不需要付费，您还会允许他来吗？"她想了想回答道："不行！这怎么行！这怎么也该是我说了算的！"我们被逼得无路可退。她想付费，也想儿子在现实中帮助她付费。

这位女士已离婚，在她住的村子里扮演着有权势的角色，是个猛人。她在社交生活中也有一个很重要的角色，负责着不同的机构。她是一位非常优秀的女性。

她的儿子完全被摧毁了。对他来说，他正好有点零用钱，并且准备好了为自己付出；但是他的妈妈虽然挣得多，却不愿意他给我钱。她认为孩子直接给我的这五法郎，从某种意义上说是一种盈余，因为她必须支付咨询费用。她希望儿子和她联合付费。既然我已经提出让这个少年付费，那她就应该少付一些。

你们看，每个案例都是特殊的。

从那个时候开始，我提出让这个孩子只付十生丁，而且是直接给我。我也告知了这位母亲。这时，付费确实就是象征性的了。

参与者3：关于象征性付费，我想谈一例个案。案主是一个八岁的男孩，由于轻微偏瘫而遭受了一系列损伤。他的父亲在做分析，母亲患有糖尿病。在某种意义上，母亲的糖尿病使孩子在出生时出现了偏瘫的问题：使用了催产的方式分娩。

我首先在父母在场的情况下见了这个孩子。我们的晤谈频率很高。之后在他的要求下，父母不再在场。他的母亲会陪他来……

多尔多：谁付费？

参与者3：他的父母付费。这个孩子从没给过我象征性付费。

多尔多：这意味着他不想来。

参与者3：不，他想来。

多尔多：您不该接手他。既然他不付费，您就只能和他探讨这个不付费，要当着他的面说："我只接见付费的人。所以，我见的人是你妈妈。"但是，他要求支开妈妈，也没有对自己的治疗负责。支开妈妈到底意味着什么？这其实表明了他对您的异性恋移情——或者同性恋移情，我们并不清楚。按理说，既然您是一位女士，他是一个小男孩，那他会希望自己单独拥有一个女人。这完全与分析工作无关，至少目前还无关。只有当他开始给您付费，让您为他从事您的职业时，这才会变成分析的工作。如果他继续为爸爸妈妈做孩子，一直是由他们付费，那就意味着他还没开始自己的治疗。

您在这个关系中到底扮演了什么角色？我不知道。也许他是一个部分客体，一个母亲的过渡性客体。母亲将这个过渡性客体借给了您。只要他不付费，您就要每次都要求见母亲。您要告诉孩子："如果你想单独见我，就要付你该付的那部分。如果不付，也就是说你没对自己负责，是父母在对你负责。付费的是他们，我要见的就是他们。"这对工作室开展工作来说尤为重要。

参与者 3：确实，我一开始并不知道如何强制收取象征性付费。我本来应该在孩子要求我不见他妈妈时就引入这一点的。

多尔多：我认为您没有将心理治疗设置成这个孩子以自己的名义进行的精神分析式工作。您要问问这位母亲，她是否同意孩子独自前来。

参与者 3：她是同意的。

多尔多：父亲呢？

参与者 3：父亲也同意。

多尔多：在这种情况下，我们可以对孩子说："你要考虑一下。现在，如果你要来我这儿，就要付费。你有多少零用钱?"我们需要他们至少支付零用钱的五分之一。

我记得，在机构里，这些孩子每周都有六法郎。今天那些专业保姆所照顾的孩子每周会收到 PPASS 发的十法郎。这样的话，要向他们要两法郎。

参与者4：但是当索要孩子零用钱的五分之一时，对我来说，它是个数字问题，属于金融范畴。

多尔多：不是这样的。这是象征性的。从这样一个意义上说，孩子展现出他在欲望着。他会考量这个工作值得他放弃两三颗焦糖，或者值得他放弃对他来说代表着单位计量的东西。

参与者4：我认为，这不是象征性的。这和人们在买东西时对金钱的使用是一样的……

多尔多：不，并不是所有人都会用这样的方式花钱。通常，我们能花钱获得一些别人的东西，对方也觉得收到的钱可以等值交换他的物品：这是互利互惠。然而，精神分析家拿孩子两法郎是没什么利益可言的。

参与者4：那这就是一个象征性的金额，但仅仅对精神分析家有这层意味。

多尔多：无论是对精神分析家还是对孩子来说，它都是象征性的。对精神分析家来说，这不是一种购买力;对孩子来说，这代表着他作为主体在对自己负责，同时知道他仍然依赖于社保或者父母。

参与者 4：就是说，只有从一定数额开始，对孩子来说才是象征性的？

多尔多：不，一枚邮票同样具有象征性。支付一枚假的邮票也是象征性的：这是一封信的价格——一个存在的价值。[①]同样，一块石头可以是留在地上的东西的象征，是我们留给土地的那些东西的象征。我们为"沉默不语"付费，这个沉默既非阳性亦非阴性。

参与者 4：我可以想象石头、邮票、图像所蕴含的象征性，但一涉及钱，我们就开始数数了。例如，我们会说："如果想租一套房子，那么您的工资就得是房租的几倍。"我们会像这样算个账。

在和成年人的晤谈中，我们会商定好费用，这不会被当作象征性付费。这是他用来生活的钱。我知道一个儿童的案例，精神分析家拒绝接待这个孩子，因为他付的钱不够。

多尔多：然后呢？

参与者 4：在一生丁和两法郎之间，还是有区别的……

多尔多：一生丁或者两法郎？这取决于年龄。孩子给的钱不够，要分析的正是这个，这个"不够"。相反，如果他想给更多，也需要分析为什么。这并不意味着我们会留着"多出来的钱"。我们会把这笔钱放在一边。在某些晤谈中——这很罕见，

---

① 在法语中，"信件"一词是"lettre"，"存在"一词是"l'être"。这两个法文单词的发音相同。"le prix"可被译为"奖品、奖金、价格、价值、代价"等。——译者注

但是非常有趣——有些病人需要给比商定的数额更多的钱，哪怕我们从来没让他们假设他们某一天要支付更高的费用。然而对这些病人来说，这是必行之事。这是需要我们去分析的事。这并不意味着，在这个见诸行动被分析之后，我们不把钱归还给他们。

有时候，孩子不愿意给钱，这并不意味着他处于一种负性移情中，处于一种拒绝中。今天他不能给，就好像有人在某一个日期没有能力支付。他为什么想处于一种债务之中呢？这正是我们所要分析的，也正是我们所注重的。必须这样。

有些人希望保留债务。在最初几段分析中，我就见过这样的人。我之所以说"最初"，是因为那是 1940 年以前的事了。这位男性一直保持欠债状态，直到他的儿子满七岁——他还有一个大女儿。一直到儿子七岁这一天，他才把欠我的钱全部结清。款数有所增加，增加的是他估量的必须算在货币贬值上的钱。真是难以置信！我根本没想到。十五年以后我才收到这笔钱，而且也不是很大的数目。这位男士在信中解释道，他是故意欠债的："直到现在我才能给您付钱。您简直不能想象这笔债是怎样帮我生存下来的：它甚至使我有了一个儿子，使我与妻子相濡以沫——我们最初的生活困难重重。我的家庭现在挺好的。我儿子七岁了，我母亲去世时我也七岁。"

这位男士是一个有五个孩子的家庭中的大哥。他所有的故事都源于生命中的这一断裂：母亲的离世。

令人吃惊的是，这个男人要等儿子到了他自己失去母亲的那个年龄——他在丧母之后存活了下来——才能对脐带做告别。他想要与我一起保留这条脐带。现在，他确信不再需要这条脐带了。他一直保留着这条脐带，希望有机会和我再见，以血肉之躯再见。这帮助了他。他想："因为我有这个债务，所以我可以去还债，而不用预约。"在这段岁月中，他将这笔债作为重新与我建立联系的可能。

这个案例很好地展现了金钱同时具有的实在性和象征性。永远都是如此。在精神分析家的位置上，我们只能接受实在的金钱，但如果我们理解了金钱对另一个人，对分析者的意义，我们就能认识到金钱对他的象征性价值。

对孩子来说，付费永远都是象征性的，因为金钱把他呈现为自我承担的主体，哪怕孩子认识到在现实中，是父母在用家里的共同财产对他负责。

第八章　临床·父之姓

乳房，石祖功能之载体——父姓不是姓氏——塞斯波夫之子的个案——会说话的生命之间的爱不是发情——弗洛伊德与乱伦禁忌——男孩和女孩的结构与性别化进程中的父姓

参与者 1：希望您能讲讲关于父亲的能指。

多尔多：这太广泛了！这对孩子成长的每个时刻都极其重要！要对你们讲这些很难。父亲的能指在神经症中对自我产生着建构性的影响，也能使其脆弱化。在孩子的生命进程中，从受孕到孩子三岁，要辨别出这个影响是很容易的。因为正是在这个阶段，父亲作为有责任的男人获得了自身所有的价值。一个有力的确定性正建立在此价值基础之上。这个确定性涉及的是孩子的性，以及孩子对自己性别的自豪。也正是在这个阶段，父亲可能会在儿子或者女儿的人性化进程中缺位。父亲会

向孩子证实或不证实自己被社会承认的地位。证实与否是相对于父亲与母亲一起展示的法则来说的。父亲正是从他被社会承认的地位上获得自爱和尊严的。

被孩子认为是父姓的姓是非常重要的，其重要性是在俄狄浦斯期获取的。但是在孩子以父姓加上他在身份证件上登记的所有名字①被合法化命名之前，在没有对父亲进行有意义参考的情况下，他身上所记入的只来自他所感受到的母亲的想象。于是，在他们的二元关系中，从母亲的内心逐步传递到孩子肉体上的东西时不时地被三角关系中断。在这个年纪，如果母亲在谈到父亲或者和父亲说话时，声音带着愉快或沉闷的音色，对孩子来说，这比父姓更具能指价值。母亲应该在对孩子谈到这个男人时说"你的爸爸"，而不是"爸爸"（就好像她是他的女儿一样），这一点很重要。

不能忘了，在将父亲当作一个人之前，孩子对他只有一个部分形象的认识。这个部分形象名为乳房：母亲的乳房，这是母亲里的父亲。这是人类的一些原始性的东西：母亲的乳房是石祖式的。乳头有勃起性。与吃奶会激起男孩的阴茎勃起一样，它也有可能刺激到女孩的阴道环形勃起。所以说，基于石祖性，乳房已经承载了父之姓的意义。也许它不是孩子的父亲之姓，而是广义上的父亲之姓。这就是为什么从哺乳时代开

---

① 法国人在为孩子注册身份证件时，会选择两三个名字。生活中的常用名通常是身份证件上的第一个名字。——译者注

始，父姓的意义就有可能颠倒，同时影响孩子的消化道（如果孩子不能感受到母亲同自己的关系必然与一个男人有所关联，而这个男人对母亲来说是她成为母亲的欲望和快乐的源泉）。

参与者2：这是否是因为喂奶后收回了乳房，从而赋予了它价值？

多尔多：是的。这就好像某种消失：在某个空间和时间内父亲的消失。乳房就是这样与阴茎联系起来的。当胎儿在子宫内生活时，阴茎是母亲身体里的访客。消失赋予了乳房等待的价值，首先是在孩子需要它的时候，然后是在孩子渴求它的时候，而这种渴求是超越需要的，因为欲望本身已经是沟通的欲望——想要与乳房的承载者沟通。当母亲准备给孩子喂奶时，乳房是对需要的回应，同时也是一个欲望的信号，是母亲身上很可能有默契的欲望的信号。这不正是橡皮奶嘴和被夹在枕垫中的奶瓶的可怕之处吗？除了满足饥渴以外，婴儿还有与他人沟通的欲望。然而在这些情况下，这个需要没有被理解。这是伴随着欲望的需要。正是基于这一点，可以说乳房是一个口腔源的石祖性参考。

如果母亲没有与一个男人建立起关联，对于孩子来说，她独自一人代表着父母双方。也就是说，她既是父亲，又是母亲。如果母亲没有选中男伴填补这个位置，这样的关系对孩子来说似乎也足够了。通过与母亲相关联的另一人，通过他的在场和话语，母亲也能成为一个完整的存在，一个完整的客体。正如我们所说，这个完整的客体区别于孩子的那些客体。然而，在整个哺乳期，在身体照料期，孩子会感觉自己像部分客体，像母亲存在的附属。与此同时，母亲在孩子看来也是自己的部分客体，他们交融无间。完整客体，双头主体，是他与哺乳的母亲，共存于（同）一个身体意象中。这个身体意象是石祖式的，交融无间的。这个身体意象的身体图示在孩子开始走路之前，在其运动机能自主之前，不会被清楚地感知到。运动机能自主是满足需要的前提条件。

你们看到了，这有多复杂。这涉及原父①，而在孩子的无意识里，这一切取决于母亲的态度：先是她对自己父亲的原始无意识态度；然后是她与兄弟的情感关系，与她生命中的第一批男人的关系；之后是与孩子父亲的关系（法定父亲，如果他不是生父的话）。同样不能忽略母亲与孩子的关系中所拥有的力量。

在最初几次晤谈中，要关注母亲对生命中这三类重要人物的多重无意识情感态度，即使不去分析，至少也要简短地涉及。因为比如说兄弟，无论是兄还是弟，对母亲来说都是乱伦禁忌的重复。或许她小时候想象过，兄弟（完全和她一样）是母亲单性繁殖的孩子；或许对她来说，兄弟占的是这样一个位置：她所期待着父亲给她的乱伦之子的位置。总而言之，在她

---

① 这里的"原父"，应该参照了弗洛伊德在《图腾与禁忌》中提出的关于原父的假说：一个性情暴烈又充满嫉妒的父亲，独占了所有的女人，赶走了自己长大的儿子。参见［奥地利］西格蒙德·弗洛伊德：《图腾与禁忌》，169页，上海，上海人民出版社，2005。——译者注

的想象中，如果她的兄长是被爱的，就能够处在父亲的位置上预显丈夫的角色，或者母亲保护者的角色。如果是弟弟，让我们重复一遍，他能够代表她所没有的，但是在想象中从父亲或者母亲那里获得的乱伦之子。

在所有情况下，在那些彼此想象的关系中，兄弟姐妹都是幻想的载体。凭借这些载体，同性和异性之间的乱伦禁忌，以及与亲生父母的乱伦禁忌得以复制、再现，同时人们也以这样的方式保证了性的人性化，并且保证了性的升华：在纯洁的友谊关系以及互相帮助的关系中的升华。所有的孩子，无论是女孩还是男孩，都对母亲以及母方家庭所谈及的关于舅舅的事特别敏感，更有甚者，对母亲以及母方家庭关于舅舅的不可言说之事特别敏感。女孩同样对涉及父母姐妹的事感兴趣。在孩子生命中的头几年，叔伯和舅舅们的角色（通过亲生父母）在孩子的无意识中尚未产生同样重要的建构性影响。他们的影响会晚一些，而且是有意识地被感受到的。但是对幼龄时就夭折的，而且与他们的侄子或侄女同一性别的孩子们要区别来看。他们短暂的生命会在兄弟姐妹成为父母时重新浮现在他们的记忆中。这份回忆，或者更确切地说，这份来到记忆这个位置上的不可言说，使父母的快乐蒙上了焦虑的面纱，特别是当他们的宝宝用健康上的意外来做自我表达，或者宝宝的体质让父亲或母亲想起年幼夭折的兄弟姐妹时（即使他们没见过这个夭折的孩子）。孩子总是能够感知到父母源于这段过往的暗淡忧伤。

至于父亲，对于五岁以后的孩子来说，他是通过自己的姓氏被象征化的。无论孩子是否用这个姓，这个姓都在社会上承载着他，或者与之相反，成为他的累赘。这取决于他与父亲个人关系的模式和他们之间关系的情感价值。如果父亲没有在男孩童年和青年遇到的考验中给予支持的话，如果父亲过分忙于事业或是忙于自己，放弃了儿子的教育责任，将其全权交予母亲，并对母子二人冷漠，尤其是对作为女人的母亲冷漠的话，这个男孩很可能被社会承认的他父亲的价值压垮。

对于男孩来说，留下爱与关怀的痕迹，同时支持他独立自由的男人才是他的父亲，无论他是否是自己的生父，无论自己是否用他的姓氏。这个父亲既是生活的导师，又是年轻男孩自恋的支撑。

相反，有些男人可能自恋性地依恋着儿子，期待着他填补自己的空缺，期待儿子用成功来恭维自己，也就是他的生父——不管孩子是否用他的姓氏。然而，他又并没有在困难时刻支持过儿子。儿子可以保留生父的姓，也可以拒绝保留。为什么不呢？这样的父亲任凭儿子停留在请求的状态中，寻觅着迟来的榜样。对这个迟来的榜样，在一个充满意义的情境中，儿子转移着一份同性恋式的倾慕，或者一些敌对的情感。无论是面对一个女人还是陷入一段激情，又或者是经历一次文化活动，这些对儿子来说都是充满意义的情境。

没有能力给予阉割的父亲是令人失望的受挫之人。但是，只要年轻人及早理解到这样一个男人的困难，他还是能够真正地爱父亲的，而不是徒劳地等待着此人给他当导师、做榜样。

这样的父亲通常是在社会价值上得到肯定的男人，但在家庭里让人失望，有时甚至嫉妒儿子所取得的成功——如果这份成功不位于他们秘密而受挫的欲望所开辟的道路中。

心理治疗能使年轻人走出家庭的桎梏。在支持社会融入力量以及潜伏期和青春期前期特有的热情时，治疗师帮助年轻人敢于进行关系体验，并且帮助他们从自己身上所发生的一切中汲取教训。特别是，心理治疗师会在一些情况中提醒年轻人：在他试图重复一些事情时，这些尝试也许是为了建立自身的安全感，也许是在通过回避的方式建立安全感。幸运的是，理想化自我与自我的理想化之间存在差异。孩子的理想化自我建立于懦弱的真实父亲的形象之上，或者建立在缺乏父亲的情况下，自我的理想化在青少年时期则是孩子自己的形象。

生活也会带来阉割之痛，那些在父母的时代没有进行的阉割。从来都不是由心理治疗师去给予这些阉割的。我们要帮助年轻人对现实的否认加以象征化，并且不因此而消沉。治疗师的倾听能够使年轻人找到新的张力和新的道路。要使自己成为在被轮到时会幸福地将自己的姓授予自己的孩子的男人。使自己的姓成为这样一个幸福男人的姓，是为了让自己重新找到父姓。也就是说，这首先是一个儿子的姓，他给父亲带来了荣耀，无论他知情与否。

父之姓和真实的父亲对女儿之结构的影响不同。和男孩一样，女孩依赖于与母亲的关系（或者依赖于与乳母这个女人的关系）。在男孩那里，与石祖式母亲的第一段关系对他的健康以及性别化进程有刺激作用。母亲异性恋地爱欲化男孩的性，同性恋地爱欲化女孩的性。是父亲（或者与母亲一起生活的男人）在女孩那里唤醒了异性恋。这份异性恋区别于与母亲的关系。与母亲的关系继续代表着在满足需要中的安全感。对于女儿来说，口腔石祖式母亲长时间停留在父亲对她所施的吸引力的对立面。另外，男人对女孩的吸引力不同于她和这个男人之间的关系，不同于这个男人所代表的关于她的生存安全感。这一生存安全性参照我所说的基本意象①；男人对女孩的吸引力有时甚至与这份安全感相悖。

父姓在女儿五岁之后也是具有象征意义的。无论是女儿与父亲的个人关系及情感关系，还是父母的夫妻关系，其中都体现出父姓的象征意义。这要看父亲是否给女儿的对手——母亲——带来了安全感、生命力以及生殖力。这意味着，即使是在情感关系缺失的情况下，作为与母亲相关联的一个人，而且极端地说，作为母亲的一个部分客体，父亲对女儿来说扮演着重要的角色。很少在家里留下风格痕迹的父亲，也能影响女儿的性和人格在成年之前的发展与建构。当女孩试图去巩固男人所欲求的女性价值时，她或多或少能被母亲理解，甚至被母亲嫉妒。女孩在父姓的象征性功能之外，在某种程度上，保留着

---

① 这份安全感来自某人为石祖功能性意象负责。如果是父亲，那他是与生母联系在一起的人。这时，女孩的生殖爱欲区就处于安全状态，因为她生命之初的两个成年人将这一意象承担了起来。对于女儿来说，父亲是石祖式生殖功能之价值的能指。

成为父亲心上人的欲望。

对女儿的女子特性来说，乱伦欲望幻想的建构性与乱伦欲望实现的破坏性成正比。对父亲乱伦欲望的幻想对女儿的女性化越具有建构性，那么当此乱伦欲望得以实现（与父亲或者兄弟）时，它对女儿的力比多越具有破坏性。无论有罪还是无罪，女儿都是怀揣着成为失去人性的牺牲品、受害者的感受，以牺牲力比多动力为代价屈服于力比多的。从这时起，用这样一个男人的姓对女儿来说是一种侮辱。这个希望享用她的男人处在自己所代表的法则之外。与侮辱相反的是自豪，一个女孩的自豪。女孩如果能以父亲给她的姓将父亲的理想保存在记忆中，那就意味着她的父亲是关心她、态度纯洁且举止端正的父亲。

孩子是通过母亲得知生父之姓的。这个姓源于母亲所讲，也源于母亲对石祖式价值的认可，对那些在使她成为母亲的男人之前（所认识）的男人或含糊或明确的石祖式价值的认可。在母亲的女性特质中，母亲自己也连接于一个男人的姓氏及生殖力量，无论这个男人是否是自己的生父，无论自己的母亲是否认识这个男人。

孩子即使不用父姓，也是父亲对母亲欲望的一个回应。在自己的成长欲望中，他并非不是一个主体。孩子在生父母的交欢中有着自己的成长欲望（成长为男人或女人）。

回到一个简短的临床记录：我不相信青春期的孩子不会被父亲签名的纸张充满。所有的人，女孩或男孩，都会在某一时刻这样做。每个人都在根据父亲的签名寻找属于自己的签名

（signature）。女孩还会为了找到自己的签名而模仿父母的签名。这是完全有意识地进行的游戏。但是，无论是男孩还是女孩，他们都不会复制母亲婚前的姓。这正是人们接受父姓的阶段。这并不妨碍我们看到一些成年人以意味深长的草签，在自己的签名上划掉父姓上的一笔（也是他们自己姓上的一笔）。

尽管我不知道我今天对你们所说的在拉康的理论中是如何呈现的，但你们肯定能在他的教学中找到我所说的。拉康是在象征范畴内对你们说一些正确的事情。他说的这些发生在一个抽象的领域内，这个领域覆盖了大量个案。在以概念为目的这个意义上说，这是一份隐喻的和理论的工作。我是这样设想我的角色的：我同时以隐喻和借代的方式阐明拉康的工作。因此我相信，你们中理解拉康对父姓的一些表述的人会从中找到我所说的原始性——先于发音与文字出现的原始性。

以下是一个儿童临床案例。这个孩子的姓是塞斯波夫①。他一进学校就出现了很严重的问题，而父母并不知道原因。通过他，我了解到由于姓氏，他一进校就成了同学们的出气筒。如果别人因为父亲的姓而嘲笑他，使孩子受到打击的话，这说明他和父亲的关系中有些东西尚不清晰。这个孩子因为严重的学业问题来到了图索医院。他的治疗只持续了五到六周，每周一次晤谈。其实，他是通过两个梦痊愈的。

---

① "sècheboeuf"可分解为两个法语单词："shèche"（根据上下文，可译为"干、使干燥、旷课"）；"boeuf"（意为"犍牛"）。——译者注

在第一个梦中，他身处一个没有人类的世界。这个世界里的动物说："最好不要成为人类。如果我们是人，我们都不知道自己是从什么动物的身体里出来的。"这是些能说话的动物。这些说者①以动物的形象出现在幼小的保罗·塞斯波夫的梦中，代表着成为人类的恐惧症。另外，他通过这个梦告诉我，在同学面前，他因为叫这样的名字而苦恼。

这是一个自虐的孩子，总是被嘲笑他的同学肢体骚扰。老师们不知道应该怎么做（他们能够感到自己对这些骚扰是负有责任的，比如说，他们害怕针对他们的投诉可能带来的影响）。保罗经常以行为影响上课的原因被赶出教室。在这种情形中，他是大家的攻击对象，但似乎又在设法让自己成为攻击的同谋。这种长期受害者的处境出现在学业失败之前还是之后呢？我无从知晓。

做了第一个梦之后，他哭着对我说，在学校大家都嘲笑他，但是他从不敢告诉父亲，因为害怕遭到痛打。这就是这个孩子的幻想。其实，他的父亲并没有给我留下冷漠的印象。他怨恨父亲给了自己这个姓，认为要是告诉父亲自己遭人嘲笑是因为他的姓，就会挨揍。

就这样，同学替代了父亲：他们的态度表示他们在社会生活中不接受保罗的融入。他是一个被打的动物。

---

① "parlêtre"，拉康所创的词汇，由"parler"（说话、言说）和"être"（是、存在）"这两个词组成。——译者注

在第二个梦中，他爬上了一条非常险峻的道路。那条路就像干涸的河床，铺满石头。他双脚踩上去，石头不断滚落。他往前走，随时可能摔倒。"于是，我将手伸给爸爸。"

他们就这样手牵手，他也没有摔倒。在这个梦中，父亲是有支持性的，因为他将手给了儿子。保罗联想到："这就好像在海里，浪会把脚下的沙带走。"这是一幅海景图。海水退潮时可能会让人摔倒，指的是他的母亲，也是他的父亲。他们能够让他失去平衡。然而父亲牵着他，帮助他走在险峻的道路上。

在这些联想之后，保罗重拾对梦的叙述。

他们听到一声巨响，在路的前方，一群公牛冲向他们。牛角朝前压低，非常可怕。在这条小路上，他必须放开父亲的手，否则两人都会被撞翻，被踩踏。必须松开手让它们跑过去……接下来，他就不知道自己处于什么地方了（他失神了，甚至不知道自己是否还在梦中）。公牛们过去了，天空晴朗，鸟儿歌唱。旁边的父亲突然对他说："怎么样，还好吗，我的孩子?"就是这样非常简单的一句话。

联想到他的梦、他的惊恐、他的失神以及梦境中他昏迷过后之事，保罗说："爸爸好像没有看见公牛。"

这个梦非常有意思，能引领我们谈论公牛、奶牛、犍牛，总之所有的牛。我问他："牛犊是谁的孩子?""奶牛的孩子。"他不清楚公牛的角色。保罗还停留在一个我称之为"初始补充阉割"的阶段。这时，男孩有一种强烈的自卑感，以为父亲在受孕中没有任何功能。父亲的作用只在于把工资给母亲，并且给了他们一个可笑的姓。母亲则表现得全能，石祖的、孕育的以及喂养的全能。

在梦里，保罗被公牛攻击。没有奶牛。他自己是这样说的，但并不知道它们之间的区别，他也不知道公牛与犍牛之分。"犍牛？这也是奶牛。"他对我说。"那为什么人们将它们称为犍牛？犍牛有没有牛犊呢？""我不知道。我想牛犊是母牛生的。""那公牛呢？""我不知道。它们很坏，我很害怕。有时，人们会将它们绑住。"关于这一点，他知道得并不多。

通过对这个梦的分析以及那些联想，这个孩子得到了阉割的启发：对公牛的阉割使其成为驯良工作的犍牛。他明白了，如果不将其阉割，人们就不能让它们工作，两者相互关联。在人类这里也一样。人类在生理上保留着性繁殖力，这个性繁殖力被禁止杀戮和乱伦的法则烙下了印迹。否则，人类可能无法拥有强盛的繁殖力，无论是作为生育者，还是在工作中。

保罗的父亲是一名工人，一名勤奋的工人，做清洁女工的母亲很尊重他。他们相处融洽。但是他们丢脸了，因为他们的孩子与其说是在长大，不如说是在长胖。在他们眼里，他屈服了。他在食物面前屈服于某种怯懦，这证实了他的懦弱，也证实了他无法自卫的受气包角色。一名见过保罗的医生担心地对他父亲说，保罗的睾丸没长在正确的位置上。但无论是医生还是父母，都没有对男孩解释什么是睾丸，以及为什么人们会检查他身体的这个部位。也就是说，他确实是一头公牛，但是人们没有对他讲。他处于无知之中，处于对父亲以及自己的生殖力的无知之中。这个生殖力是被"长在正确位置上的睾丸"传承的。我帮他弄清楚了这些谜题。于是，保罗很快就转变了。事实上，这是对象征性阉割，以及人类性的法则做了言语化处理。

在后来的几次晤谈中，他肯定地说："您知道吗，我终于和爸爸谈了谈。我问他小时候有没有在学校被嘲笑过。他回答说：'当然！但我感到自豪，因为我的爷爷是一个塞斯波夫，我的父亲是一个塞斯波夫，我自己也是。塞斯波夫们是一些勇敢的人。'"

以上就是在能指的维度内父亲所告诉他的。但是，直至我做了一些关于生命的解释，保罗从来没敢对父亲讲他赋予了父亲什么样的角色：一个填补零件的角色，一个母亲的偶然伴侣的角色。之前，这位父亲只是像犍牛一样工作。对于孩子来说，他没在女人的受孕中扮演任何角色。这个孩子没有得到关于受孕的答案，也不知道一些词的意义（一些表达夫妻欲望和爱的词），虽然他的父母好像是这样一对夫妻。从我们对这两个梦所做的工作开始，保罗对自己的姓的音素做了彻底的重新倾注。当被问到同学对他的态度时，他回答我："不了，他们不再嘲笑我了。我不知道为什么，但是他们不再想打我了。"

有些孩子在未得到象征性阉割时，会怂恿那种我们所说的父性矫正。保罗就是这样的孩子。他们在面对父亲时停留在女性受虐冲动中。他们煽动父亲攻击自己，就好像奶牛面对着雄性。不管是犍牛还是公牛，只要外表是雄性就行。保罗讲到了

"痛打"这个词。他的父母则说他"怯懦"（于是他成了父系传承理想的反面，因为塞斯波夫们都很勇敢）。

对一个前俄狄浦斯期的男孩来说，原初阉割时具有石祖价值的不是雄性——父亲，尽管他是有阳具的。具有石祖价值、生殖性价值的是母亲。在不知道阴茎的授精角色以及父亲性欲望的存在时，男孩可以把阴茎认作锐器或是鞭子。父亲的性欲是与爱相连的，投射向妻子。

在明白父亲相对于自己所持有的生殖积极性角色之前，在意识到父亲对他性征的担心也是一种支持之前，挨打、遭到攻击等都是保罗自己所追寻的。保罗一边招惹同学，一边幻想被父亲痛打，同时停留在被动性同性恋冲动中，这些正是他自己所追寻的。

保罗曾经停留在幻想中。这是伟大的尿道石祖主义的幻想，不归于他，归父亲和其他人。这个尿道石祖主义不一定会开放至生殖性。生殖性在男人这里是被身体表示出来的欲望。这个欲望以爱与语言为中介，被引向父性。然而观察显示，对于动物来说，这不是欲望而是发情，是攻击的一种特殊情况。

男人潜在的强奸欲望，一定源于父亲作为具有尿道阴茎性而被敬仰的时代。尿道阴茎性除去了爱的话语，那些父亲可能会对母亲说的爱的话语。这是一个控制他人的欲望，一个进入他人的欲望。为什么不呢？对于男孩来说，看到这个是很美妙的；对于女孩来说，这却很可怕。这个场景完全不是对生殖性的启蒙，而是像值得尊重的发情。很多孩子都对原初场景有着完善而精彩的类似发情画面的想象，伴随着一个拥有绝对权力的父系形象。这属于孩子好像已经接受了的事。然而，如果我们不对他说发情不是人类之间的爱，如果我们在他目击了性爱的情况下让他闭嘴，就好像他做错了，那么他就无法走出俄狄浦斯期。弑父的欲望会因此出现。没有任何一个孩子能够接受父亲在顺从的母亲身上表现得像发情的野兽。一个言说的生命是不能接受自己起源于这样一种行为的：一个无论父亲还是母亲都不能说的行为，不能对他将此行为说成是美丽而充满人性的。

精神分析的初期，就好像弗洛伊德在谈到弑父的时候，是停留在什么是真正的俄狄浦斯期这边的。确实，弗洛伊德没有提及爱的话语，那些父亲可能会对母亲说的，并会对与母亲一起生育的儿子们所说的爱的话语。因此，当他们成长起来，开始随着年龄的增长反抗，而拥有同样冲动的父亲开始衰迈时，剩下的只有儿子们之间尿道冲动的斗争。然而，母亲——儿子们生命的源泉——对儿子来说是被禁止的。就这样，在弗洛伊德的神话中，乱伦禁忌甚至在人类进入话语之前就占有一席之地。弗洛伊德没有错，因为从其他方面我们知道，在一些有相同家族基因的猴群中，最年轻的成员不能和母亲交合，也不能和姐妹交合。占统治地位的雄性禁止它们与属于它的雌性交合。（我们在卡马格马那里也看到了同样的事情。）这就说明，对一些有适应性和团体性的动物来说，乱伦被明确指出来了，但是没有被禁止。乱伦之所以没有被禁止，是因为没有话语，然而乱伦被妨碍了，被拦阻了，以排斥的方式、报复的方式及被驱逐出群体的方式。

弗洛伊德在自然状态中发明了一个禁止，我想他是有道理的。因为社会生活已经存在于自然状态中了，原因是年幼的直立行走哺乳动物在与成年直立行走的哺乳动物的相互关系中开始了对生活的学习。成年哺乳动物代表着完美的发育。更有甚者，我认为，欲望和成年者的性融合使年幼者重返自己的起源地。在年幼者的整个成长过程中，成年者一直是他的代表者。这促使所有动力减速。乱伦欲望的实现可能会导致在融合的存在者之间产生某种二人孤独症。如果被曾经是成长楷模的人生殖性式地占有，孩子会出现动力衰竭。

弗洛伊德恰恰在图腾与禁忌中看到了先于话语的事物，但正是话语允许了某种被言说的乱伦。欲望可以被言说，可以在文化层面上幻想，但不能在肉体与肉体的关系中被实现，否则会在文化层面带来毁灭性后果。

正是在此意义上，这个临床案例能够展示出父姓是如何不再继续给孩子带来困扰的。这里的父姓结合于塞斯波夫这个姓氏。对孩子而言，一旦澄清父亲在他的基因遗传中扮演了什么角色，父姓就不会给他制造问题了。从社会层面上说，父亲是被尊重的，他拥有自己的角色；但他的地位没有在男孩身体的具体肉体化进程中留下痕迹。这个男孩在所有的可能性中拥有的是女性化存在的成长——虽然从生理上讲并非如此。在与同龄人的关系中，他的行为是头脑贫瘠之人的行为。他充满恐惧，而且会煽动攻击。他的尿道—肛门冲动使他因为姓氏而成为被同学排斥的对象，但也正是这个姓氏将他指定为父亲的儿子。对他来说，被父亲攻击确实是确定自己是父亲儿子的方式，但他并不知道自己是怎么成为父亲的儿子的。这就是他捍卫父姓的方式！也就是说，他是这样捍卫父姓的：使口腔及肛门攻击性驱力的创造性隐喻不能发挥作用。这些驱力是获得学校知识和完成作业所必需的。整个小学学业都依赖于口腔和肛门驱力：概念学习、吞食以及"退还"，汇报。这是人尽皆知之事。学生会在考试前便秘，然后在最后一刻奔向厕所。我们满载必须还给老师的东西。老师是石祖式的，而且无所不能。如果我们不能满足老师的期待，他就会赏我们鞭子！学习、吞食的方式总带有这样的焦虑。另外，这并不是真正的升华，因为并没有被生殖化。

这些前生殖期驱力终其一生都扮演着一些角色，尤其是在我们有晋升危机时。

参与者 1：关于具有石祖功能性的乳房以及它在这例个案中的衔接，您能否多说一些？

多尔多：这个衔接是通过身体里的经验感受完成的。因为孩子在他的身体里，他生活的权利是通过胀满乳汁的乳房给他带来的满足被证实的。如果他看到给他喂奶的母亲伴有一个他者的话，如果他看到母亲将这个男人作为他的参考，并且在轮到这个男人时，他也将母亲作为孩子的参考的话，那么，孩子就从母亲那里接收到了其来源是父亲的话语。这样一来，孩子的活力就得到了加强：他得到了鼓励，因为父亲是母亲的情感资源地，参照于父亲的母亲则成为孩子的情感资源地。父母和孩子都是有责任的。通过基因的绳索，三者中的每个人在面对另外两人时都是有责任的。在孩子出生以后，他们互相的责任是通过客体关系，通过满足需要的石祖性部分客体的关系表现出来的。然而，爱的三角关系又是指向欲望的：孩子看到母亲与另一个人结合，这个人是自己与母亲以外的他者。正是因为这样，孩子与母亲所组成的这对关系才能对孩子未来有意识的性别化进程产生意义。有意识的性别化进程的朝向是在爱中争抢他者的欲望。

参与者2：如果孩子在吃奶时听到父亲的话语，那在他是不是就产生了一个乳房与话语之间的关联？

多尔多：非常正确。

参与者2：孩子是不是能感知到这个声音是另一人的？

多尔多：是的。

参与者2：这是否就解释了对于孩子来说，以下两点会区分开来：一方面是声音，另一方面是能指链①、话语？话语不是声音。您说父姓从一开始就存在于此。父姓不取决于父亲的在场，而是基于母亲通过话语去参照父亲。这么说，孩子所听到的父亲的话语不仅仅是一个声音？

---

① 对拉康而言，能指独立于所指。能指只有和其他能指连接在一起才会有意义。能指链是一个结构，整条链的意义只有在完成最后一个词后才能被理解。——译者注

多尔多：对，这样的话语不仅仅是一个声音。声音是情感部分能指中的一个。它根据一个形象而象征性地将父亲肉体化在孩子身上。这一形象源于这个男人在母亲那里所激发的情感。除了声音以外，还有其他元素。眼神、动作、面部表情都承载着意义。最终，父姓将所有这些能指物的"摘要"浓缩和象征化。父亲是什么？它是一个词，但虽然只是一个词，却从孩子出生起，就通过一个男人而对孩子代表了整个父姓家系。父姓也是在母亲对孩子所说的关于这个男人的话里，他拥有的那些有价值的东西。父姓同样是母亲在这个男人身上所找到的情感互补。这个男人能使母亲修整她自己的缺失，她也在回应这个男人的缺失时感到快乐。在夫妻间，孩子的出现属于母亲赠予父亲的能指物，反之亦然。父亲的在场也可能是他的象征性能指之一。对于保罗来说，这个在场很可能在话语上很贫乏。正因如此，他将父母看作动物，认为他们必须藏在人类中间。他们从来没有对孩子做过性教育，也不觉得有这个必要。他们生活在巴黎，但都来自农村，就像人们说的那样"文化不高"。这个孩子没有以恰当的词汇得到他对性所提出问题的答案。但是对于他来说，在象征性的层面上一切都已就位，因为他爱他的父亲，感觉与他在一起是安全的——他的梦对此已经有所展示。在他的梦中，危险也通过滚动着并且能导致他滑倒的小石块表现了出来。对小石块的联想涉及送给母亲的粪便。如果母亲因为粪便，因为这些来得不是时候的"创造物"将孩子置于犯错的位置上，那么她就会使孩子失去自尊。

涉及海边的体验也是一样的。冲浪是勇敢的，如果脚陷进沙子里，把手给爸爸就能获救了。保罗有一个好母亲和一个好父亲，但是他们什么都没对他言说过。这些体验，以及他对两性之间的差异、对两性角色之区分的观察，完全没有被言语化。一定要理解这在象征层面上都意味着什么。

保罗感受到只要父母在身边，不幸就不会降临到他身上。但是，在社会上，他丧失了所有的确信。除了自身认同于母亲，他找不到其他方式去面对。

参与者 1：认同于母亲的方式是与她融为一体的方式？

多尔多：成为像某个人的身体是一种认同。在原初场景中，在面对其他男孩组成的群体时，他只能是一个物体。在临床上，它就是这样体现出来的。如果用拉康的表达方式来说，我们就会明白其中的意义。要思考个案是如何阐明它的。在能够分析梦的原文之前，我们一定要解译孩子的这些幻想，从而帮助他：在原初阉割这个维度上，以及在初始补充阉割这个维度上解译这些幻想。（这让他接受男孩不生孩子，孩子是女人和男人一起生的。）

对于女孩来说，原初阉割是认识到她们没有阴茎，初始补充阉割是接受她们没有乳房。她们是通过想象性的信仰走出困境的。这个方式不像男孩那样明显，是对母亲神奇"创造"的想象性信仰，即母亲会以消化道的方式、单性生殖的方式制造孩子。如果不纠正这个念头，女孩能够一生都依附于这个幻想。这不会妨碍肉体生命，但是会对混合性关系和象征性阉割造成障碍。这会阻碍一个完整的俄狄浦斯期，也会阻碍欲望，一个得到来自父亲的孩子的欲望。女孩被抛弃在这种无知的状态中，想象着孩子很神奇，源于吃了一个部分客体，或者一次扎针注射。这曾是一个年轻女子的理论。她在十二岁时上过性教育课，她可怜的寡母为这些课程支付了昂贵的费用。她记住的是女孩身体里一直就有婴儿，但需要先生们用他们的玩意儿注射，这样婴儿才能成长和出生。这就是这个天真的人在性教育中所获得的。真是个纯洁的女孩！至于男人，他们有一个"去—赢"①。他们的"月经"和女人的不一样：男人的"月经"是白色的，而女人的是血。

你们看，光刻板学习是不够的！

---

① 这是一个组合而来的词。"va-gain"的第一部分"va"是"去"（aller）的第三人称动词变位。第二部分"gain"译为"获胜、赢、利益"等。法语中阴道的写法为"vagin"。在"vagin"这个词上加一个字母 a，就变成了"去—赢"这个词。——译者注。

第九章　临床·精神病

精神病儿童没有任何请求，但他的症状就是请求——精神病儿童是单纯的智者——精神病萌芽于欲望和需要的混淆——谁在谵妄者的声音里说话——手在与精神病人的关系中的作用

参与者：您主张让孩子进行象征性付费……

多尔多：是的。

参与者：这也针对精神病儿童吗？因为让这些孩子以自己的名义来做治疗有些困难。

多尔多：我不确定。每例个案的情况都不同。对精神病人的治疗要走一步看一步。确实，在治疗初期，精神病儿童没有任何请求，但是他的情况就是在请求。象征性付费的引入不能在和孩子单独晤谈时，需要监护人在场。从精神病儿童将监护人置于门外，开始单独晤谈时，我们就能像对其他孩子那样对

他说："如果你想单独与我一起工作，我同意。我们一起工作一次，两次。但是，到了第三次，你要象征性地付费。"精神病儿童完全有能力这样做，他甚至知道晤谈的日子。父母可能会说："一般情况下，他九点起床。但是，在晤谈的日子，他六点就穿好衣服了。"

但是，这是些不说话的孩子，而且没有时间概念。一旦建立起移情，一定要对他们讲下一次晤谈的日期。我不知道他们是怎么知道的，但是他们会将其存入记忆中。

精神病人是单纯的智者。

一旦精神病儿童明白他真正在做一个工作，治疗的进展就会和正常孩子一样了。但我们需要一步一步来做判断。这就是为什么我不能给出一个先验性的回答。没有任何精神病人处在一个我们能够立刻解密的建构中，从而使他抵达俄狄浦斯期，并且说出"我"。然而，他能感觉到"我"。他只是还无法说出来。所以，他是有能力带来象征性付费的。这个象征性付费要由精神分析家与他一起决定。

参与者：这么说，只有先经过几次晤谈，他才能明白他在做一个工作？

多尔多：是的。这便是初始晤谈的必要性所在。我们不对初始晤谈做象征性付费的要求。我们不能不经过孩子同意就进行治疗。我们要等到他做出决定，为了理解焦虑而开展一个工作的决定。这并不总是意味着，甚至完全不意味着治愈一个症状，一个社会或者父母想要他摆脱的症状。"出什么事了？你身上发生了什么不幸？你哪里痛？""啊，是的！我的痛处在父亲那里。"这是精神分裂病人的回答。"你不能改变你的父亲，但是通过和我一起工作，也许你能治愈或者承受这个痛处，这个来自父亲的痛处。"

参与者：在断言精神病人是单纯的智者时，您想要表达什么？

多尔多：他们是智者，但是没有使自己得到赏识的中介。这就是我想要说的。精神病人也有象征性功能，但是，在缺乏能被我们感知的沟通方式的情况下，象征性功能在他那里空转着。他在沟通，在感知，只是我们不知道他在如何沟通和感知。他在通过一份自己的表格去感知，一份需要我们时不时破译的表格。有时，他看起来什么都感知不到，就像孤独症患者一样。但是，他们知道晤谈日期，会在这一天自己起床。这是一个现象，一个精神病儿童的情感现实。

智慧是象征性功能，所有人类都被赋予了这一象征性功能。但是，没有准则就没有表象的可能性，此象征性功能无法省去方式方法，也就是说，无法省去中介。这些中介便是感知与阉割。

接受一个准则系统就是接受阉割。这就是承认，为了能够表达自己的感知以及接收到别人的感知，必须接受一个共同的准则。

精神病患者的准则是紊乱的。这并不是说他们不聪明。一些精神病患者拥有我们所没有的准则，比如与动物或者地心引力有同一个准则。他们与一些宇宙的力量相联系，我们却没有体验过这样的联系。他们有着梦游者的敏捷，而梦游者有着绝妙的无意识智慧。如果我们处在梦游者的位置上，可能会摔破脸，可所有精神分裂患者都能顺利跨过电线！他们是怎么做到的？他们什么都看不到，但从来不会被碰倒。健康的孩子，也就是说有一些小症状，但是相对来说正常的儿童（神经症儿童），他们会撞到桌角，把脚缠进线团里。你们能理解吗？这些精神病儿童的准则太紊乱，以致我们不能直接理解他们。我们的工作是根据他们自己以及他们的经历去破译他们的准则。相对于神经症儿童来说，精神病儿童是在一个更深的层次上运行的。

精神病的起源之处有一个断裂，一个关系的断裂。这个关系是一个需要的关系，即孩子对母亲的需要。如果没有被言说过，那么这个断裂会使孩子的需要之身残缺不全。精神病的萌芽是欲望与需要的混淆。倒错也和这个有相似之处：一个当前的欲望与需要之间的混淆。这个需要与当前的欲望不相关，它处于过去的欲望中，并且努力通过一个想象的对象来自我满足。这个想象的对象不再对应于当下欲望的主体。

这让我想起了一例成年人的个案。案主是一名年轻的建筑师，他在将近二十一岁时患上了精神病。就像人们说的那样，他那时在做"大车"①。人们那时认为这是因为过度劳作，必须

①　它在口语表达中的延伸意义是"需及时完成的紧张工作"。原书对此也有注解：在建筑术语中，人们通过该词表示那些在上交计划书前繁忙而互助的时刻。——译者注

住院。这一住就持续了十五年。从此以后，他成了一个孤独的不停游荡的高瘦男子，与他回复着的声音同行。他的家庭放弃了他。一个关心他的年轻精神分析家问我怎么做才能帮助他。我说："首先问他这个声音是谁的。是男人的？女人的？男孩的？女孩的？"病人回答："这是一个孩子的声音。我妹妹五岁时的声音。"在他九岁时，妹妹去世了，然而没有人跟他讲这件事。家里那时非常混乱和嘈杂。

从这时起，分析就能开始了。他能够对妹妹做一个非病态的告别，也能将自己成人的驱力从幼儿时代的罪恶感中释放出来了。

今天，他是一个自由的男人。我不知道使他坠入精神病的背景，但我想这应该是始于一段与年轻女子的关系。妹妹的"没有—死亡"毫无疑问地以禁止的形式施加在他所有的未来规划上。挫败便源于此：他面对年轻女子时的笨拙，面对小女孩时的罪恶感。他的欲望在那时产生了混淆。需要与欲望混淆了，一个成人的生殖需要与一个古老的充斥着对妹妹的罪恶感的欲望混淆了。

我们所称之精神病中的废除，在这里来自无人询问病人听到了怎样的声音。在我看来，废除只是给精神分析家的那些抵抗所做的命名。

人类的小成员一直有象征性功能——无疑从胎儿时期就拥有这个象征性功能。就像我们在精神病儿童那里所看到的，他们生活在一个胎儿时期带来的意义中，总是连接着原初场景，不停被死亡冲动占据。他们的人类象征性功能仍取决于出生前的准则，即使他们的身体已经长到六到八岁了。

在与精神病儿童打交道时，我们一定要知道他是用什么方式来满足身体需求的：满足是怎么样进行的？他如何吃饭？如何睡觉？谁给他擦屁股？同样重要的是，不要让作为监护人的父母在他们的身体与孩子的身体之间缺失中介。比如说，如果孩子需要什么东西，他饿了，而由于他不了解自己的身体，无法直接提出要求，那么父母一定要让孩子用自己的手进食，而不是用自己的手给孩子喂食。洗澡和擦屁股同样如此。否则，治疗就没有必要开始，因为精神分析家根本不知道治疗的是谁。这时，与你们打交道的只是一个身体，这个身体延伸到了另一个身体上。也就是说，与你们打交道的是一个没有被阉割的主体，他的父母也没有被阉割。孩子其实是父母的身体和欲望的一部分。他们没有在自己与孩子之间置入中介，一个与孩子的身体区别开来的中介：手这个身体部位在人类这里是用来满足需要的。

这就是儿童精神分析的难点所在。如果父母送来的实际上只是他们自己的一部分，在满足身体需要时没有分离开的他们自己的一部分，我们就不能开始一个治疗。治疗必须在父母面前做，直到分离在家中来临。一定要对着孩子讲，强调他在满足自己需要时是受限于皮肤的，父母的身体和双手只会在保障他安全的情况下与他的身体接触。父母不需要孩子的身体像寄生虫一样与他们自己的身体黏在一起。他们的身体行为、他们的爱抚、他们的动作和他们的实质性帮助应该是爱的语言以及对监护关系的表达。

参与者：您能否讲一些孩子和成人所患的内部病变，如肠道或胃部的溃疡。它们的起源是什么？出现在什么时候？

多尔多：我们可以自问，这些病变，这些无人知晓原因的病变，是不是一些方式方法，是不是一些为了不进入疯狂而采取的手段。它们的生成可能较晚，不是一出生就出现的。这些病变最早可以追溯至身体意象以胃部、喉部等为参考进行自我构建之时。另外，这能很好地解释谵妄进程的起源。这种类型的病变能激起真实的死亡，也能导致象征性的死亡。但是，由于是慢性病变，由于周期性复发后紧接着的是病痛的暂时缓解，所以主体在身心发展程度上通常能够维持在两者之间（维持在真实与象征之间）。

参与者：也许这是因为病变后来出现在原本属于一段关系的位置上，一段没能被象征化的关系？

多尔多：是的。这是记入的范畴，而不是象征化的范畴。

问题在于，为什么今天有这么多的儿童精神病？是不是因为重复性的关系断裂？或者更恰当地说，是不是因为建构的缺席？建构的过程要通过与母亲的身身相连。我们已经能够称今天的儿童为"奶瓶二代"。如果一位母亲自己是被用奶瓶喂大的，轮到她给孩子喂奶瓶时，孩子会缺乏与母亲身身相连的记入。母亲应该提供一个建构性的安全（母亲对于孩子来说也代表着父亲。在孩子与乳房的无间关系中，母亲与父亲是混淆的）。过去，对于这个交融存在的节奏，孩子想要多少就能获得多少。被抱着喂奶时，母亲声音的震动能传达至他的胃部。如果母亲在喂奶时对孩子说话，她的声音震动自然会被这股暖流承载着流进入他的身体，并在他的身体中存放下爱的语言的记入。这是今天的孩子所缺乏的。我们将他们扔在摇篮里，抱他们抱得比以前少。过去，我们每三个小时就会抱起他们喂奶。

参与者：这个问题带有另一个问题——母亲的问题。母亲既要喂养孩子，在离开医院几周后又必须重新开始工作。于是，她们就匆匆断奶，因为必须托人照看孩子……

多尔多：您是在寻思，这是不是孩子的存在感觉中枢断裂的原因？根据皮雄（Pichon）——此词来源于他——的观点，这个感觉中枢是一个自恋核心，一个安全存在的自恋核心。但是，对孩子来说，有另一种存在方式的可能性：成为母亲的抛弃之物。于是，他的故事中断了。如果中断过于频繁，或者过于冗长，如果住所改变、保姆更换等重复性抛弃接踵而来，孩子最终会自认为被排斥的部分客体。我们所看到的他也正是如此：排泄物或者吞噬物这两种形式的部分客体，是与母亲沟通的两种形式。精神病患者正是认同于这些部分客体，永远重复着这个危险，在这个位置上被消耗食用或者被排斥抛弃。救助他们的一个方法是"有声音"。这让他们看起来好像更疯狂了，但并非如此，因为这对他们来说还是一段关系。通过声音，这段关系对他们来说还继续存在着。他们被这个声音占据，甚至认为连自己的耳朵都被控制了。他们在耳朵里守候着母亲的在场，这位已经离开的、抛弃了他们的母亲。这个剩下的声音在他者缺席后对他们说话，使他们好受些，就好像母亲还在那里。这可与恐惧对等。他们为了生存，与他者一起继续自我延伸。幻觉中有一个指向他者的欲望关系，产生幻觉的儿童的声音可以说是充满欲望的。

参与者：不，我想要说一些我在厌食症里发现的东西。在很多儿童个案中，无论是母乳喂养的儿童，还是用奶瓶喝奶的儿童，他们都被仓促断奶了，因为母亲必须重新工作。我们都知道重返职场的最后通牒……

多尔多：是的。当突然断奶时，孩子对她们来说只是对疼痛的双乳勾勒出的形象。孩子到了托儿所后，母亲的胸部仍然会疼痛。想到孩子，她们就想到胸部的疼痛。对断奶是因为乳汁逐渐干涸的母亲来说，这完全是不一样的。她没有痛苦。她与孩子只有爱的关系，但这是一个象征性的关系：他也许因她而感到痛苦，她在想到他时却并不痛苦。在第一种情况下，母亲和孩子之间除了痛苦就没有其他关系了。他们之间延存着想象：母亲感受到的疼痛是孩子的疼痛，因为他喝的不再是母亲的乳汁了。乳汁的确是从母亲的身体里分泌出来的，但乳汁是孩子的，因为如果没有胎盘，她是不会有乳汁的。对胎盘的生理告别导致了乳涨。乳汁是属于孩子的，不同的孩子会使母亲涌出不同的乳汁。（好像每个孩子的母乳成分都不同，所以一种乳汁对应于一个孩子的生理需要。）这里确实存在共生的、生理的融合。

参与者：然而这些融合被一些断裂加强了。是不是从胎盘消失起，一切就开始上演了？

多尔多：就是这样！问题正源于这些断裂，但这些断裂是被话语中介化了的，而不是如同粗暴断奶那样被痛苦中介化了的。

参与者：也就是说，最后这种情况中并没有真正的断裂？

多尔多：痛苦是断裂还没有发生的特征。这也许是儿童精神病产生的原因之一。通常，其他现象也会造成影响，比如说住所的变化。一些孩子不能接受总是换地方，另一些孩子却不在乎。这是基因资源的问题，即在某人这里，基因携带或不携带某些象征性潜力。我们对此还不太清楚。有些孩子和其他孩子一样被粗暴地断了奶，却能继续扎根于他们的身体里。他们虽然会生病，但是依然存活着。另一些孩子却做不到。这是每个人的独特性的问题。

第十章　技术·对精神病人的治疗

精神分析家会在晤谈中入睡——死驱力是生驱力的源泉——睡意是婴儿对未知的回应——对已逝父母的攻击性债务

多尔多：有一点非常奇怪。有时，我们会用"你"来称呼年轻人。通常，我们是用"您"称呼的。我身上就发生过这样的事儿。这就意味着关系中无意识的变化强加给了意识。在这种情况下，我会问那个女孩或者男孩："你怎么看？你刚到的时候，我是用'您'称呼你的；现在，我用'你'来称呼你。"（或者相反，我最开始用"你"来称呼，之后变成了"您"。）这个问题是我对他们提出来的，是通过他们才想到的。

当在晤谈中入睡时，我也会问他们的看法。我会问那个让我睡着的人我为什么睡着了。这个人肯定比我更清楚为什么。

最让人吃惊的是和某些精神病儿童一起开展的工作。我不知道你们是否注意到，当和他们在一起的时候，我们真的很想睡觉。每一次，我都会对他们说："你看，我快要睡着了。""你发现了吗？我刚才睡着了。"这给治疗带来的促进是令人惊讶的。在我们打瞌睡的时候，他们就在那儿。突然，我们醒了过来，因为某些事情被体验到了。

在一个反移情中，我们就这样臣服于主体的力比多，任凭主体独自一人成为这个情境中唯一的主宰。他需要我们在一段时间内放松警惕。这对孩子来说是一种阉割精神分析家的方式。对他来说，这非常美妙。他不用话语来回应，而是用力比多来回应。力比多取得了自己的存在与力量。有时，甚至是孩子在定规矩。

奇怪的是，"最具破坏力"的精神病儿童通常最容易让我们打瞌睡，可在将我们送入梦乡后，他们从来不会搞破坏。

参与者1：既然您睡着了……

多尔多：精神分析家的睡意并不是一种破坏，而是一种关系。这种关系使孩子在当下能够成为主人；另一个人，也就是精神分析家，则沉浸到了自己的死驱力之中。通常我们是用话语来对他们言说焦虑的——这种焦虑将他们置入与施虐性的碎片化威胁的抗争之中，或者将他们置入与他们猜想在和他人相遇时可能会遇到的灭顶之灾的抗争之中。我们感觉倦意袭来，这对他们来说其实非常重要。这意味着我们的无意识在和他们的无意识沟通。另外，当在某人身边睡去时，我们是真正和他在一起的，远比我们醒着时紧密。任凭自己陷入睡眠之中意味着我们信任这个人，同时也信任自己的无意识。精神病儿童能感觉到我们在用这样一种方式表达信任。我们的生驱力与死驱力和他们的生驱力与死驱力就这样在安全的环境中沟通着。

参与者 1：难道没有一些死亡范畴内的东西？

多尔多：没有。您谈到的这一点是一种投射，是一种精神病人体验到的和散发的焦虑所产生的投射。这种投射也源于焦虑所引起的危险。相反，死驱力是植物性生命(vie végétative)，健康平静。死驱力是安全性的水乳交融，精神病人总是希望以退行的方式躲到这种安全的水乳交融之中。这种自恋的、交融的欲望知道自己在做什么。它在不可能之中乱伦式地瞄准了母亲或者原初场景，然后被转移到其他接受相遇的人身上。于是，这个人变成了精神病人所希望的人，但同时又是危险十足的人。这也是为什么通过另一个人的入眠，精神病人能接收到被完全接纳的安心，包括对他的焦虑与幻想的接纳。

我们生驱力中欲望的部分保持休息状态。精神病儿童恰恰在我们停止为他们积极做些什么，为他们而意识清晰时，才能减少积极性力比多的约束，更加清晰地意识到自己。当下两个主体间的精神关系全权被交付给了孩子的驱力，精神分析家承担的是自己的死驱力。这是交融性移情的结果。我们并不在场。在面对孩子时承担起这份在场的缺失，能确定孩子身上那些通常不存在的东西，并使其有效。所以，这产生于一个反移情的时刻。这份反移情是为精神分析家所接受的，而且与孩子欲望的交融相对应。

参与者 1：如果我们只是单纯地累了……

多尔多：我说的不是这种可能性。确实，也会出现我们累了的情况。但我注意到，有的孩子无论什么时候都会让我睡着，然后可能在五分钟后叫醒我——我通常不知道自己到底睡着了多长时间。这种入睡从来不是因为疲劳，而是一种为了理解他们而做的探寻。为了理解他们，一定要一直延伸到死驱力中，因为正是在死驱力中，精神病儿童紊乱的精神建构才与他主体的欲望最为接近，他也才能寻找着和另一个主体的真诚交流。

由于"前自我"没有被阉割，或者由于"自我"被无法忍受的挫折扰乱，这些孩子在他们认为强大和充满欲望的人在场时，会不可避免地放任自己处于危险之中。这种危险是他们那些自己投射的、部分施虐性欲望的危险。他们被托付于死驱力的那些欲望，也就是一个主体那里的欲望，没有意识到身体和爱欲区域。两人中的一个，也就是精神分析家，必须放弃生的欲望之主体的位置，从而使孩子在睡着的人身上遇到主体，让孩子把他用作假体。孩子会感觉到自己被认可了，并且在这段时间里变成一个真正充满活力的主体，能够安全地自我接纳。证据就是在所有的作为中，他重新找到了平和与秩序：他安静地画画，玩橡皮泥。而在刚开始晤谈时，他是焦虑和不稳定的。

参与者 1：精神分析家的瞌睡难道不是一种针对病人的焦虑所做的防御？他体会到了病人的焦虑。

多尔多：我之前也是这样认为的。当困意头几次出现时，我非常自责，但也对这些在病人身上所观察到的积极正面的效果进行了思考。我开始认为这对他们来说是一种安全感。他们感受到了深沉睡眠的自恋性获益。这是一种可以使他们进行自我表达的宁静。他感受到了精神分析家完全的信任，而这个精神分析家在意识清醒的时候可能对他们的行为有些怀疑。

参与者 2：睡意会不会时而被精神病人，时而被精确分析家感受为一种拒绝？

多尔多：我不这样认为。我和精神病人在一起的时候，从来没有过这样的感觉。对我来说，这是我完全接纳他们的信号。

与神经症病人在一起，我的感受是不同的。他们有时让我们感到疲倦，要竖起耳朵才能听见他们的表达。对精神病人来说，这却是一个非常特殊的信号。对我而言，这甚至是一个特征性症状信号。这个信号是说，我们正在这个点上找寻一种主体的相遇。正是在这个点上，无论原因为何，他的欲望和他自我的消除混淆在一起（行动性身体是自我的一部分）。如果精神分析家通过打瞌睡而接受自己成为客体，另一个人就可能变成主体。

参与者 1：我想再问一个关于攻击性的本质和性质的问题。

多尔多：打瞌睡这件事可能会代表的攻击性？您是想表达这个意思吗？

参与者 1：我稍微转移了问题。我是想说某些病人所引起的疲劳感……

多尔多：确实。但是这个情况是来自神经症的。当他们因为内疚而低声说话时，我们就可以感受到疲惫来袭。或者当他们开始谈论他们与之抗争的攻击驱力时，我们接受成为他们的攻击驱力的目标。这样一种疲倦也可能是与病人的焦虑相抗争的疲倦。我们得自问："在他来之前，在我们开始工作之前，我就开始疲惫了吗?"如果不是，那么我们的睡意同样属于我们的病人：这是我们的反移情。必须告诉病人这些情况，促使他找到其中的意义。这有时是攻击性，有时不是。这也可能是对存在的一种拒绝，或者是对宁静的一种渴望。

至于死驱力，它并不是攻击性。它是一种泰然，一种完全的健康，一种各个器官在沉睡中的沉默。此时主体从欲望中脱身，得以休息。在此过程中，身体进行着休整。我们就这样被植物性的节奏支撑着。如果感觉很冷，我们就想去睡觉，感觉非常疲惫，而且几乎只要入眠就能立即回暖：循环得到重建，健康得以恢复，就像我们的力比多潜能一样。

如果我们穷尽了我们欲望者的力量，当然要重新把这些力量找回来。正是在死驱力中，这些力量重返源泉得以滋养。因为主体隐匿了，不用再承担欲望的压力与游戏。在隐匿的时间里，死驱力继续存在着。我们总会追问：什么的死驱力？那些以身体为媒介的欲望主体的死驱力是从自己身上发散向其他人的欲望，或者从其他人那里接收的欲望。

攻击驱力是为欲望所驱使的主体的生驱力，这个欲望是让另一个人死亡。（在这个范围里，这些驱力可以表现为碎片化攻击或谋杀。）这是完全不同的，特别是这些攻击驱力可以被感受到。况且，一个主体有时可以把攻击性转向自身、他者的形象，甚至敌人的身体！

参与者1：我还是想回到关于身体疲倦的问题上来……

多尔多：是的。也许治疗师要为自己去分析这种疲倦。很多这样的事情——爱、恨——都处在反移情中，没有人能够为他人分辨清楚。每个人只有在与他人的关系中体验以后，才能理解。而且我们只能在事后，在结果中认出到底是哪种驱力。

比如，您让一个陌生人带着婴儿去散步。通常这个婴儿不会在散步时睡觉，可这一次他睡着了，原因是您没有真正向他介绍这个人。我们在两三个月大的孩子身上观察到了这个现象，也有些孩子在十一个月或者十二个月时表现出了这一点。到孩子会走路时，这个现象就消失了。的确，他们之所以睡着，是为了逃脱这一段对他们来说没被编码的关系。对他们而言，要破译这段关系太难了，他们没有接收到调解性话语。

也许让我们打瞌睡的是同样范畴的东西，它发生在我们与处在某种结构中的精神病人的工作变得很困难的时候。这种结构只属于他一个人，并且在我们这里是完全被压抑的，只有进入睡眠才能重新将其找到，从而凭借我们的精神病内核[①]与孩子相互理解。

---

① 多尔多假设我们每个人身上都原初地存在一个精神病性的内核。她认为，婴儿会经历类似处于精神病状态的时期。——译者注

我谈到的关于婴儿的这些事，母亲们都是知道的。在座的母亲中也会有人观察到。如果你们的孩子在散步的过程中睡着了，而通常他在这个时间段是醒着的，那是因为他没有和这个照顾他的人交换沟通的编码。就像我说的，这个人没有被"妈妈语言化"（mamaiser）。孩子缺失了母亲的话语，而这些话语是使孩子在与被委任陪他散步的这个人在一起时感受到安全的话语。也可能他是一个和婴儿没有接触的人，一个不喜欢婴儿的人。

参与者1：我不太理解这种类型的效应……

多尔多：这是移情的效应。这是某些病人带来的催眠效应，或者说精神愉悦效应。精神分析家并不经常从临床的角度谈论这些。

参与者1：我们可能会觉得这是精神病儿童拥有的唯一的语言。这就解释了治疗师在晤谈时打瞌睡这件事。

多尔多：不，这肯定不是一种语言，更多的是语言的缺失。这是在一个移情—反移情关系中的行为。这就是为什么无论病人多大年纪，我们都要自问：当下，在和作为咨询师的我的关系中，他试图重新找到些什么？他把我摆在谁的位置上？摆在什么东西的位置上？

正是如此！做精神分析家，做实践工作者，就是这样，就是不停地承受起另一个人，直到在自己身上遇见那个精神病内核：先是自己的内核，之后是另一个人的内核。当我们谈到"精神病的"时，是指"没有已知的编码"。确实，治疗师的瞌睡很可能源于一种对语言表达的阻抗，阻抗着用词语说出这些在治疗师专心致志时，沉默的精神病患者甚至不能用画画、泥塑或者游戏的方式说出的东西。

我们可以在泥塑或者游戏中看到，在我们醒着时不能有持续性注意力的孩子，会在我们打瞌睡时坐定并开始做点什么，当然前提是我们对他们谈到过这一点。他们让我们扮演了什么角色呢？这个角色是他们婴儿时曾经拥有的角色。当母亲对他们做一些事情时，他们感到和母亲亲密无间地、安全地待在一起。我相信一定有某些类似的东西。一旦他们醒过来，母亲就会为他们将要做的蠢事感到焦虑。可他们已经将母亲内摄，如果母亲（或者父亲，焦虑的控制者，被精神分析家现时化）不理他的话，他们就再高兴不过了，就能够像任性的母亲一样做。在这段他们重新找到的亲密无间又安全可靠的关系中，母亲是主动的这部分。精神分析家成了婴儿，孩子则成了那个忙于日常事务的母亲。换句话说，通过一些部分客体作为中介，这里有幻想，甚至有欲望的行动性表达方式。这些部分客体包括画画或者泥塑。

晤谈结束后的事很有趣。在这些晤谈之后，父母总会说："他在两周内出奇安静。他重新与人接触了。但最近几天，一切又都恢复了。我们感觉他需要晤谈。"然后，我们看到孩子急切地要来。在这个地方，欲望的主体有点苏醒了，因为我们睡着了。为了让孩子能够为自己的身份而保留这些工作的果实，我们一定要在向他指出并口头表达（这个行为的意义所在）后，接受睡眠为他在我们身边而产生的积极影响。

参与者1：当父母过世时，我们可以给孩子什么样的象征性帮助？

多尔多：要让孩子表达出对父母攻击性的债务。他们很愤怒。要帮助他们表达出对父母的攻击性。他们的父母在面对死亡时不够强大。我们可以这样说："他们的确没有为你考虑。但是，既然你幸存下来了，这就意味着你身上有妈妈和爸爸的力量。这力量强大到足以让你存活下来。从现在开始，就要由你代表这个家庭了。"

活着的欲望从这一刻开始就由这些孩子来承担了。但是，来自已逝父母的理想化自我会让他们更想去死。这个理想化自我激活了他们身上的死驱力，推动着他们像父母一样去做，推动他们重新找到父母。这就是已逝父母的危险影响。毫无疑问，通常这就是旁系亲属不愿意告诉孩子他母亲或父亲去世的消息的原因。他们也许在无意识层面认为：如果告诉了他，会轮到他自己想去死。恰恰相反，如果我们告诉了他，他会具有攻击性。如果在面对死亡时，他的攻击性得到支持的话，他的生驱力也会得到支持。人们不能忍受孩子生已逝父母的气，这也是人们对孩子隐瞒真相的一个原因。也许还有另一个原因，需要到成年人的幻想中去寻找：有些人认为，孩子之所以会接受父母的死亡，是因为他也希望死去。但是在这里，孩子想要去死就好像成年人在痛苦不堪时会被死亡诱惑一样，是一种他们在被所爱的人抛弃时所体验到的痛苦。

很难理解人们为什么要对孩子隐瞒他喜欢的人去世的消息。告诉他们真相是唯一帮助他们不再因为幸存而内疚的方法。这份为了不再内疚而做的努力，对孩子来说要经过一个对死亡的攻击性阶段。

参与者 2：这让我想到您谈过的一例个案。

多尔多：是的。案主是一个三岁的孩子，母亲刚刚去世。他说："我父亲杀了我妈妈。"他不想和父亲待在一起。"我有权有个妈妈，但是父亲杀了她。现在，他终于满意了！"那个男人崩溃了。我见过这个孩子两次。他将这一切都说了出来，我就听着他说。没过多久，父亲告诉我："他好了，晚上开始睡觉了，也很乖。我其实是个遗物。"我加了一句："是的，您是他母亲留给他的遗物。"这位父亲对妻子的离世不负任何责任。

我们只能通过重温首次阉割的心碎，来抵御自我伤害所带来的痛苦。与胎盘的分离，与部分客体的分离，与我们所需要的东西的分离，断奶，对肛门所需帮助的依赖，这一切都会在告别中重现和重生，只是程度不同而已。所有这些分离对幸存者来说都有自恋化的价值，因为这些分离迫使他们表达出攻击性，避免陷入抑郁。

我们必须把父母离世的方式留给孩子的幻想，因为我们所知道的真实仅停留于我们对他们所说的，以及他们对我们所说的。剩下的，孩子可以去虚构。重要的是，这些要被呈现出来。如果孩子相信他的父母死于空难，我们可以和他说："这样的话，你来画一架飞机吧。画一画你的父亲和母亲是怎么死的。"

死亡必须通过幻想得到呈现，可以以图画等为媒介进行表达。

参与者1：可是，对于被收养的孩子来说，他们的亲生父母的身份或多或少是未知的……

多尔多：我们在不知道情况时，绝不能说他们的亲生父母已经去世了。

参与者1：在一个案例里，我们对孩子的父亲一无所知，但是对母亲身上所发生的事了若指掌。我认为，问题在于母亲曾给了这个进行治疗的小女孩自己的姓氏，但三天后又抛弃了她。因此，孩子在被收养时换了姓氏。被收养的孩子，从出生就被抛弃的孩子，却有一个姓氏，这很罕见。通常，他们只有一个名字。

多尔多：您要告诉孩子所有您知道的。这些东西都是属于她的。所有围绕着她的主题都与她相关。

参与者1：孩子不知道她出生时的姓氏。

多尔多：那您知道吗？

参与者1：不知道，没人告诉过我。

多尔多：在这种情况下，要告诉她，她的姓氏被改换过，她知道的姓氏是母亲在她出生时给予她的。

参与者1：养母是知道的，她暗示过，但不愿意告诉我。

多尔多：这说明在和孩子进行分析之前，您与养母的工作进行得不够充分。肯定是这样的。一旦治疗开始，就很难再在孩子不在场的情况下与父母谈话了。我们有时也不建议这么做。因此，在没从父母那里了解到他们所知道的孩子的一切之前，我们不能和被收养的孩子开始治疗。绝对不行！因为在回答孩子所提出的问题时，您肯定会提及一些事情。我们要提前告知养父母："我并不确定会告诉孩子这样一个真相——特别是如果这会让你们很难受的话，但是我必须对情况有所了解，他有可能和我谈起这些。回答他（这些问题）的不是我，而是你们。我必须让孩子在充分信任的环境下和我谈话。"

参与者 1：如果父母不说孩子出生时的姓氏……

多尔多：孩子已经听到过了！

参与者 1：我感觉，对父母来说，这是一种驱魔的方式。养父母经常认为，如果我们谈到孩子的亲生父母，他们就会回来，然后把孩子带走。这很神奇。

多尔多：这恰恰是需要和养父母一起探讨的。我们可以问他们："你们对孩子的生母是什么感觉？"通常，他们开场时会这样说："她肯定是个坏女人。如果我们有像这样的一个孩子，怎么可能抛弃他！"

参与者 2：我想起一个保姆，她和我讲过她是如何对她带过的一个孩子讲述他的亲生父母的。她说："你看，你之前有另一个妈妈。"她对父亲只字不提。这个保姆还描绘了一幅关于这个孩子生活环境的灾难性画面。最终我问她："您怎么没提到父亲？这里面怎么也得有个父亲吧？""噢，看您说的！他还这么小！他母亲肯定是个单身母亲。"

多尔多：我们此刻在这里谈的是很小的孩子，但我们也为大一点的孩子做治疗。这些孩子已经建构起来了，可以拒绝相信被揭露出来的事情。他们会用这样的句子表示反对："是的，但是……"这时我们需要的是在真正的精神分析中开展的工作。这个工作可以使主体重返童年经历。

参与者 3：被遗弃儿童的心理治疗中总会出现这样的情况，就是在某个时刻——通常来得比较早，这些孩子会给 DDASS 写信，要求知道亲生父母的一些事情。

参与者 2：这对保姆来说也是归还孩子之际。

多尔多：是的，因为归还他是将亲生父母的存在归还于他。如果保姆真的把他还回去了，并这样对他说了，这就是她将孩子归还给他自己的证据。这就是精神分析家的话语的影响。我们对与我们处在移情关系中的孩子说："你现在必须变成你自己了。因为你既然能跟我谈，就说明你不再需要保姆了。"

我相信一切都取决于精神分析家焦虑与否。如果他对一个主体说话，后勤就跟上了。后勤是指身体。必须与主体对话，而这个主体有能力承受丧失。孩子确实能够极早就承受丧失父母这件事。丧失在被隐藏的时候对孩子来说是难以接受的，反过来也会被养父母感受为一种归咎于他们的恶劣行径。他们不愿意说他们需要收养一个孩子，因为他们缺少自己爱的结晶。他们避免告诉养子他给予他们的帮助。相反，他们永远都在提醒孩子他们给予他的帮助："我们收养了你。"我们要告诉孩子的恰恰相反："你很愿意接纳（adopter）他们。"

参与者2：养父母会将内疚感投射到孩子身上？

多尔多：是的。诱拐内疚。他们诱拐了大自然拒绝给予他们的东西：生儿育女的幸福。然而，与其说感激大自然（经由无力养育自己孩子的父母送给了他们这份礼物），他们实际上是在拒绝。他们会隐藏孩子被收养的身份——无论原因是什么，这证明他们拒绝来自失职父母的爱的援助。

参与者：这是否意味着他们坚决地拒绝了象征的关系？

多尔多：是的，非常确切。他们就这样拒绝了象征的关系。

第十一章　临床·丧失

有别针恐惧症的年轻精神分裂症患者——印度话的丧失——拉康所说的父姓丧失以及精神分析家的抵抗

多尔多：关于丧失，我想到一例青少年的个案。案主是精神分裂症患者，他从来没有真正地睡过觉。我起初并不知道他是被领养的孩子。有一天，他带来了一份材料（如果能称其为材料的话）。这份材料记载的是在领养这出悲剧上演时，那些被铭刻在他身上的事。这一天，他用两种声音说话，一个高音和一个低音，一个哼哼唧唧的声音和一个带攻击性的声音："不行，我要留下他。""不行，婊子！婊子！你是得不到他的。你知道这将是对你一生的惩罚。"在听到一个完全迷失的十三岁男孩大声说出这些话时，我震惊了。

这个男孩有很强的恐惧感。他害怕所有尖锐的物品，甚至包括铅笔，觉得连铅笔都能够刺扎和杀人。我在前两次晤谈中做了很多有目的有步骤的工作，使他能够接受用一支铅笔刺扎我。他发现我并没有因此死去。然后，趁他不备，我也在他手上扎了一下。他放松了下来，说："就这样？""是的，就这样！"当发现没什么值得恐惧时，他完全放松了下来。当然，他的恐惧症要追溯到还在子宫内时的生活。那时，外婆试着让女儿堕掉胎儿——这是我之后才了解到的。

这个男孩出生于一段相爱的关系之中，这段关系发生在一名十六岁女孩与一位已婚教授之间。这位教授是四个孩子的父亲。年轻女孩不记得自己的父亲，在她还是婴儿时，父亲被谋杀了。女孩怀孕时，母亲希望她堕胎。至于教授，他许诺支付孩子的教育费用直至他成年。他说自己不能承认他，因为他的国家的法律不允许已婚男人承认非婚生子女为合法子女。他声称爱这位年轻女孩，并且愿意承担对孩子的责任。如果女孩愿意留下这个孩子，他会提供一个保姆的地址。如果不中意这个保姆，他会自己负责并安置他，因为这个孩子是他们爱情的结晶。

堕胎的计划落空了，女孩的母亲选择让女儿在一间瑞士非法领养的医院里分娩。未来的养母也入住了这家医院。事情是这样进行的：来领养的女士入住医院，戴着枕垫扮成孕妇，分娩的母亲也在这里生产。实际上，来分娩的母亲登记的是疗养或妇科刮宫。孩子被申报为另一位女士所生。这些是条件最理想的领养。（当时我不知道，这位病人的另外两个孩子也是以这样的方式被领养的。）

　　来领养这个男孩的女士听到过隔壁房间里的争吵和尖叫，很震惊。她声明："我不想要这个女人的宝宝。如果她想留下孩子，那就留下吧！等有别的女人愿意让孩子被领养时我再来。"有人说："听着，这位外婆不希望她的女儿留下孩子。如果您不带走他，那就没有人领养他了。"养母就这样在医院里待了两天，听着隔壁房间刚刚分娩的年轻女孩的哀求，以及老女人施虐的厌恶的叫喊。其实，女孩的母亲并不老。她四十多岁，是个沮丧的女人。

　　也就是说，孩子在听到生母和外婆之间发生的这些事时，刚刚出生，还不到四十八小时。在晤谈中，他说出了这段出自现实主义剧院的戏剧对白。我当然什么也没弄明白，仅仅是听着，以某种形式记录着，就好像这是一份资料。然后，他像平时那样在晤谈结束后离开了，也就是像梦游者一样。

　　几天后，养母打来了电话："多尔多夫人，我必须见您，因为发生了一些不寻常的事。我儿子晤谈回来后（中午）要求睡觉，并且睡到了第二天早上八点。我没有对您说过他从来不睡觉的吗？""从来都不睡吗？""自从会走路后，他就整夜整夜地溜达。他睡觉从来不超过半小时，断断续续。"她之所以没对我讲过这些，当然是因为她不能说，否则将不得不告诉我其余那些事。

　　我要求她来见我，并且解释道："通常，我不对父母讲孩子的晤谈中发生了什么。但是他自己呢，他对您谈到过吗？"作为回答，她对我说孩子变了："他变得安静了。起初，他睡了很久。之后（接下来的八天），他睡得很早，睡眠很好，得到了彻底的休息。他不再焦虑，不再像从前那样害怕，在家里甚至会帮我做些事情。"

这个孩子被治愈了。但是，还有一个问题：他十三岁了，还是个文盲。

我对这个女人说孩子小时候发生过一些事，然后重复了他在晤谈时用两种声音，大声说出的那些话。听到这些话，养母大喊着趴到了桌子上，就好像一个腹痛的女人。她尖叫："这太可怕了！啊，夫人！请别对我说这个！请别对我说这个!"我被孩子说的话在她身上所产生的效应惊呆了！我以为这只是一场争吵，就好像战后有过的那些争吵一样：外婆不愿意把女儿托她照看的孩子还给女儿，不止一次发生过这样的事。"不，你给我留下他"，这也很可能是一个依恋婴儿的用人与母亲之间的争吵。我不曾猜想到它背后会是那样一个悲剧。养母就那样尖声叫喊着，而我什么也不明白。我就等着，在她尖叫的时候轻轻拍她的肩，安抚她。"发生了什么？您是犹太人?"（因为孩子出生于战争期间，所以我思索着那时可能会发生的极坏的情况。）最后，她回答我："不，夫人，我对您说了谎。但是，如果对您说出真相，我整个人生就毁了。"在我的坚持下，她终于说了出来："我所有的孩子都是领养的。我的身体不正常，没有像女人那样被建构（某个基因异常）。就是这样！我们与领养的孩子一起组建了一个家庭。""那又怎样呢?"于是，她讲述了她是在什么样的背景下收养这个男孩作为长子的。她补充道："但是，我那时所听到的基本无人知晓，甚至我的丈夫也不知道。我的儿子怎么能听到这些呢？只有医院里的一些人才知道。"她的另外两个孩子也是在这家医院收养的（她每四年收养一个）。

她没对任何人谈过这些。使她成为母亲，赋予她做母亲快乐的年轻女孩深深打动了她，她对这个女孩是如此怜惜，以至于给孩子取了女孩想要给他取的名字。这个女孩怀上孩子时正值俄狄浦斯期，她想要给他取的名字与她祖国的王储之名一致。养母并没有对丈夫解释为什么选择了这个外国名字。

参与者：正是这个不可言说构成了男孩精神病的核心。

多尔多：这的确是一个不可言说。但是丧失的是什么？是什么使他成了精神分裂症患者？丧失的是屏幕—进程之症结，他患上了触摸刺扎之物的恐惧症。最终我们发现，这个恐惧症只取决于一个别针①。神奇的是，后来的升华将这个曾经的文盲引向学习阅读、写作，并且最终选择了一份和别针打交道的职业。（笑）

参与者：那关于他生母的俄狄浦斯期……

多尔多：她那时是一个年轻女孩，她的俄狄浦斯期对象是由她的情人，也就是教授所代表的父性替身。当然，孩子对于

---

① 这是法语中的一个表达方式，意为"只取决于微不足道的原因"。——译者注

她来说是国王：这就是为什么他必须用王储之名。

参与者：通过名字，我们清楚地看到，不可言说涉及一个男人。这种不可言说在几代人之间重复……

多尔多：这就是不可言说！您讲到了父姓的丧失。

参与者：我不认为丧失是这样的。您谈到的是母亲的俄狄浦斯期。

多尔多：这里也是这样的，不可言说。它的确是这种情况。

参与者：母亲的俄狄浦斯期？您刚才说，这个名字被赋予的方式是根据生母与那个年代社会制度中正式任职者的恋爱关系而来的。围绕这个问题，也许有一些值得谈论的东西。但是在这个故事里，对于母亲和孩子来说，父亲在哪里？

多尔多：这个孩子像磁带一样把争吵录了下来。当在接下来的晤谈中重新见到他时，除了还是个文盲之外，他在其他方面状态非常好，能像正常人一样说话。我问他："我们今天要做什么呢？""我们要画幅画。""你自己感觉怎么样？""我睡得可香了。"这就是他所能对我说的。"你还记得上次对我说的话吗？""不记得了。""你希望我讲给你听吗？""哦，不用了！无所谓。"我又补上一句："可我还是要对你说。"

当我重复那些他用两种声音复制出来的话语时，他就像教皇一样倾听我可能在用莎士比亚的语言对他讲的话。他什么都不记得了："我不明白。这说的是什么？"我没有说更多，因为剩下的是父母要做的工作——向他揭示收养之事。他们犹豫的原因是，如果这样做，就要对另外两个孩子也说出真相。由于这是非法分娩，并且孩子们在官方文件上是他们的合法子女，父母那时认为没有理由向他们泄露他们的出生背景以及他们的领养身份。

后来，我了解到这个男孩结婚了，有了家庭，成了父亲，也融入了工作。他的弟弟妹妹也都结婚了。他们是和睦的一家人。

这例个案提出了语言记入的问题。一旦磁带展开，被录下的那些话语对孩子来说就不再有意义，那些症状也就消失了。他找回了睡眠权，而睡眠是死冲动的重返——重新为主体的休息服务。

参与者：在他说了却不明白其意义时，这段陈述是不是带来了震撼性的影响？

多尔多：肯定是的。总之，这也是对我产生了影响的意义，对我来说是这样的。

参与者：也许是重复本身给了他意义上的影响？

多尔多：男孩的幼儿时期发生了什么？两个巫婆在他的摇篮上争夺一个儿童——物体。至少我是这样感觉的。但我完全没有猜到这发生在他刚出生的时候。这件事惊动了医院的工作人员，他们都觉得外婆没有人性而且变态。因此，养母更同情年轻的产妇。没有人知道后来年轻的产妇有没有走出困境。可以想象，她被这段经历扰乱了。

参与者：正是在此意义上，语言是宣泄性的：更多是在陈述中，而不是在解析中。

多尔多：没有明确表达的解析。他没有，我也没有。宣泄性的语言使病人摆脱了对死亡冲动的恐惧。由于恐惧，他总是要保持清醒状态，防止被刺扎和扼杀。

参与者：这很特殊，总之，这样的事情在分析里被陈述出来是特例。不可言说促使不停重复，不可言说一直在为重复提供基础。

多尔多：的确，这个不可言说服务于重复性睡眠不足。

这是一个躯体语言，躯体语言的特性是一直重复。一定要注意到，当我们阻碍某人睡觉时，他会发疯。狗也一样。有人在志愿者身上做过一些脱感试验，简直把志愿者变成了精神分裂症患者。他们中的一些人用了好几个月的时间才从困境中走出来。或许可以这样说，他们是被科学兴致鼓舞了的生物专业的学生。精神分裂症类的分裂在一些人身上留下了数小时的痕迹，在另一些人身上保留了数日。所有人都被深深地震撼了：他们就像吸毒者一样，走出了空间与时间之图的界线，而正是空间与时间的交汇建构了身体意象。

你们知道脱感试验是什么：主体被固定在温水中，身体被棉布包裹，避免有任何感知。他们飘浮着，通过管道呼吸，没有其他任何基准参考坐标。因为对于试验主体来说过于危险，这些研究没有继续下去。

就这样，数小时后，身体意象的完全缺失会摧毁以空间与时间为基准的参考坐标。我们的自恋正是通过这样的坐标被衔接于我们潜意识和意识里的故事经历的。在这种情况下，"丧失"一词要说的是什么呢？

在丧失的另一个层面上，我想到了一名精神分析家。我有过一个痛苦的特权：陪伴她至死。在我们两次晤谈间隔中的某一天，这个女人死了，死于自己并未察觉的癌症。她要求我协助她，因为她在服用皮质酮。你们知道，皮质酮会带来可怕的突发冲动。她需要挣钱生活，也就是留下分析者们。这是她几乎一直做到最后的事。

我们一周见一次。她十五年前做过分析，自己也是杰出的精神分析家，是协会①的年轻人中非常出色的一位。她的疾病诊断——我们谁都不知道这个诊断——当时伴随着一个必死的预后。今天就不一样了，人们经常能治愈这种癌症。

她仍然在进行社会活动和职业生活，只是时不时会被强烈的疲惫侵蚀。短期的住院能使她从疲惫中重新振作起来。

在我的工作室做最后一次晤谈时，她对我说："我做了一个离奇的梦，无法讲述。它伴随着无比的幸福，我都不知道是否有人能在世上知晓同样的幸福。这份幸福来自我所听到的那些没有任何意义的音节。这个梦中没有任何画面。"她发出了这些音节，我将它们记录了下来。她那时整个人都还闪耀着这份幸福。晤谈的最后，是围绕着这个离奇的梦以及与之相对照的日常生活中的"麻烦"展开的。她说："真的，如果这样的幸福

---

① 这里是指法国精神分析协会。——译者注

能长久，那么就能减轻一切痛苦。"

晤谈结束后，我问她："这会不会是印度语？"根据她的故事，我了解到，当她英国籍的父亲在印度任职时，母亲回到了英国分娩。之后她带着一个月大的婴儿去印度与丈夫重聚。我的病人在印度生活了八个月。在那里，她的家庭非常宽裕，雇有用人。由于有时会出席一些官方活动，她的父母便请一个十四岁的印度女孩在他们外出时照顾婴儿。这个女孩与孩子寸步不离，是孩子名副其实的保姆。我的病人没有对童年初期保留下任何记忆，但通过相片，通过父母的一些讲述而对此有些了解。

当孩子满九个月时，父亲要回国了。面对年轻女孩与婴儿分离的痛苦，出现了一个问题：要不要带走这个照顾婴儿的女孩？最终她仍留在自己的国家。因为她只有十四五岁，如果远离还过着部落式生活的家庭，不知道能否适应英式生活。然后就是令人心碎的离别，印度女孩对就要离开她的婴儿所做的令人心碎的告别。这个场景，我的分析者是通过他人的讲述而了解到的。

她问："怎样才能知道这些我在梦中听到的音素是否与印度语有关系呢？"我回答："去大学城，去印度之家，也许能找到了解的人。我所说的也许很荒唐，但就像在睡眠中也会发生的情况一样，您是有可能在非常深远的退行中重新找到童年早期听到的音素的。"

她去了大学城。有人告诉她："您知道，我们那里有七十多种语言。我不确定，您去问问某某吧。"在咨询了很多印度学生以后，她终于找到一个人。他说："啊，是的，这像是某种语言。您还是孩子的时候住得是不是邻近某某城市？那就对了，这个地区的人说的就是这种语言。您看那边那个家伙，他的家乡就在那儿，去问问他吧。"

这个被指给她看的男孩在听到这些用不正确的口音发出来的音素时笑了。他用正确的发音重复了这些音素，声明："这就对了！这是所有的保姆、所有的妈妈都会对婴儿说的：我的小宝宝是个眼睛比星星还要美的小宝宝。这是一句表达爱意的悄悄话。"

在这样一个地方，在这样一个年纪，这种随后被完全遗忘的语言被记入到了她的记忆中。分析的工作使往事得以重现。这种幸福感是否仅仅是通过分析的工作而被重新找回的？梦中这些音素的重返预示了什么样的分离？

三天后，我的病人不能再行走了。她并没有感觉到任何疼痛。一个神经系统事故迫使她卧床。经过一次骨髓移植，她瘫痪了。从这一天起，她只能依靠别人移动。九个月大时，她不能自己走路——一岁才开始走路，总是被抱在另一个人的怀里。另一个人抱着她对她讲幸福的话语。在她很小的时候，在她的身体图示——不是身体意象①——断裂之时，这些话语很

---

① 身体图示是一个潜意识构造。身体意象与之相反，在主体与他者的关系中具有建构性。针对身体图示与身体意象的区别这一问题，弗朗索瓦兹·多尔多在《无意识身体意象》中进行过阐述。——译者注

可能有爱的救援功能。虽然她与这个对孩子来说代表着身体承载者的人之间有一个实质性的断裂，但是身体意象的基础是这个承载者的话语：尽管有断裂，但是话语仍在做链接。年轻的印度女孩对婴儿来说就像她本人的声音和她本人的快乐，一种带来自爱的快乐。

这样我们就能够理解这份幸福感了，被梦中那些费解的话语引发的幸福感。这些话语其实宣告了后来的悲剧，这段即将感官性地把这个年轻女子的身体图示一割为二的悲剧。

这为我们提供了思考的参照物。对于九个月大的孩子来说，具有监护人角色的母亲的语言代表着什么？在这例个案中，"母亲"是抱着孩子的年轻女孩。没有她的话语，孩子不能感受到自己是完整的，具有人性的，能行走的。在这个年纪，孩子只能被某个让他感到和自己似乎水乳交融的人抱在怀里，属于某个人的腿和手臂让他在空间内移动。这个人在对孩子说她爱他时，给孩子带来了自爱。

但是，这些音素，这个语言的能指被铭刻在什么地方？它们是否丧失了？是的，不过没有永久性地丧失。在一个考验正在酝酿之际，它们重新回来了。丧失也许并不真的是一种丧失。主体只有遭受什么样的理性伤害以及什么样的身体图示损坏，才能让曾经所丧失的涌现于被人性化了的，以及能够被表达的情感中呢？总而言之，我的病人在有生之年从未重返印度，这些音素在她醒着的时候没有任何意义。然而，在她的睡眠中，这些音素伴随着无法表达的自恋愉悦。这份愉悦名为幸福。

丧失是什么？这里是否真的是丧失？我认为，在无意识里，一切都留下了痕迹。在孩子九个月大的时候，它们就被记入了。

参与者：有时您并不排除精神病起源里包含丧失，有时却又表明丧失只是一个命名，给精神分析家的抵抗做的命名。您与拉康对这个概念的运用是不一样的吗？

多尔多：确实不一样。在认识到丧失这一点上我同意拉康，总之在临床中是这样的。但是我认为，分析的工作在移情中能够成功地解除被放置在一份回忆上的禁忌，如果分析工作在主体这里激发出原始的、动物性的或植物性的，甚至石化性的身体意象之重现的话。丧失关系到的是这个原始的身体意象。

丧失也可能是过度—癔症化。我们可以想想那个有猫恐惧症的女人①：这些"空白"，她在治疗中所经历的长时间的沉默，其实相当于重返原始意象的方式方法。

参与者：我觉得能以一种简化的方式概括您和拉康的区别：您对丧失的概念理解和拉康不同。拉康说，于他，丧失的是从来没有进入无意识的。一个念头甚至在被接纳为念头前就被排斥掉了。变成狼人的谵妄，或者以为看到了手指被割断，就是这样的范例。以另一种方式来说，就是阉割的象征没有被

---

① 参见本书第二章。

无意识接纳。相反，您在所举的例子中——其中一些显然是精神病个案——指出，某个事件能被主体的无意识记录下来，并且没有被象征化。

多尔多：某个事件被功能性地记录了下来，但是之后没有在主体的经历中得到共鸣。该事件对一个人的身体功能性意象产生了影响，但是在此之后，没有任何话语在这次体验与这个变为言说主体的人之间建起过中继站。

参与者：这就是说一些念头没有被记入主体的无意识。这些念头是与一个断裂的经验联系着的，却从来没有在事后被阉割象征化。

多尔多：确实，这从没成为阉割。个案中的这个成年女性在遭受疾病侵袭的时候，回忆起了婴儿时听过的印度语。这份体验重现于她的记忆。身体的损坏将她带回了曾经被抱着的体验之中。长卧不起，截瘫，她重返九个月大时不用双腿走路的处境中。

参与者：她不去依靠与阉割相关的能指，而是不得不在成年的时候依靠一句话的记忆，一句仅仅是被记录了下来而没有被象征化的话，因为这句话和一段与年轻的印度女孩水乳交融的记忆相关。

多尔多：是的。这是为了重新在这样一个重返儿童的原始无能的身体里寻回成人的自恋。

参与者：这难道不是对阉割的回避吗？

多尔多：这也许并不是回避。这例个案涉及的是身体图示的损伤，而不是身体意象。凭借着年轻保姆的爱，病人童年时的身体意象①是完整的。因为当保姆抱着她对她讲话时，她对这个病人来说就是自己的声音和双腿。

我真的相信这是丧失所带来的影响。这是一种临床现象。但是，我也认为我们在一些治疗中是可以超越丧失的。在一些治疗中，凭借移情，病人能感受到他不再是他这个年纪和他这个时间里的主体了。这样的精神分析家无意识地使这样的退行变得可能：承认接纳儿童对成人移情的精神分析家。

---

① 对弗朗索瓦兹·多尔多来说，身体意象的建构发生在出生到说话和走路的年龄之间。这个建构是在冲动（驱力）的影响下，也是在感官交流以及孩子所听到的语言的影响下发生的。身体图示与之相反，是神经系统性和人体构造性的。身体意象在某种程度上是一个建构，一个主体在镜像阶段显示出来的整体性雏形。

第十二章　技术·倒错的起源

倒错源于一个充满价值的理想——所有的孩子都是可倒错的——如果倒错的人能感受到痛苦，他们就是可被治愈的——癔症与倒错；精神与身体医学——"有人说我做的是规范化的工作"

参与者：阉割被授予得不好是如何导致倒错的？这一点您能否详细谈谈？

多尔多：倒错的产生是由于给予阉割的成年人没有以这位人类成员的名义去授予阉割。这个成年人的职责是帮助这位人类成员成长发展，可他仅仅以本身自恋的名义去授予阉割：他希望自己成为另一个人的主人，成为孩子的主人。他将孩子变成他的奴隶，更有甚者，将孩子变为听话的宠物。这个成年人，仅仅以他个人意愿的名义，而不是以法则的名义（他自己都臣服的法则的名义）强迫孩子放弃快乐，或约束他的快乐。恰恰相反，自己接受了法则的成年人就是快乐之人的榜样。与之相对的是这样的人：他经历了法则，并且不认可法则，但又想将这个法则粗暴地强行灌输给孩子，就好像灌输给被他管理的员工或者学生一样。他自己从来没有超越欲望的冲动。

孩子会因被置于欲望满足上的禁止感到痛苦，可还是会继续孜孜不倦地追求欲望。但是，如果给他禁令的那个人是他所尊重的一个榜样——这个人认可他，并且认可他在法律意义上将会成为与他平等的对象，一个完整意义上的人——那么孩子就知道，在法则中进行沟通交流会使他拥有更多的快乐以及更多的潜力。相比拒绝法则来说，接受法则会使他拥有更多的自由。孩子会非常清楚地感知到成年人是否爱他，是否尊重他。

在以正确合理的方式授予自己所认可的禁止时不带有藐视的态度，也不带有残暴的行为，这样的成年人对孩子来说就是被人性化了的欲望的主人。如果阉割是通过一个处在法则中的男人或女人来授予的话，那么它就是促进人性化进程的阉割。这些被认可为男人和女人的人，在此之前都接受并臣服于这项规则，这项他们将会把它指定给孩子的规则。可是，我们总可以看到从这个生成象征性目标上绕开的阉割。对孩子说"不行，因为我说不行就不行"，这是一种报复而不是一个阉割，因为成年人的愉悦不能促进孩子的社会生活。阉割并不是让我们依附于某人的规则，它会将我们从对他人的依赖中解脱出来。它会给受到阉割的人以启蒙，让他们接受并臣服于规则，成为和成年人平等的人。

参与者：我们并不是总有办法合理地解释一个禁止。

多尔多：确实。可我们还是得说。很多家长会告诉孩子："我给你强加这个是为了你好。你之后会为此感谢我的。"这就已经很不错了，通常也的确如此，但很少有孩子会相信。在这种情况下，显示出对孩子痛苦的同情有更积极正面的效果。

参与者：是否可以这样认为：很多孩子（还有成年人）在看到自己的父母不知道如何去呈现法则的时候，也许会接受法则，但不会和建立起的法则保持距离。也许他们不是通过抗议的形式，而更多是通过某种隐性的倒错来表现的。

多尔多：是的，是在某种类型的倒错中，在某种类型的模棱两可中。人都是倒错的，哪怕只是因为接受了语言的章法①，因为语言在我们这里不是自然产生的。

参与者：您认为倒错总能被治愈？

多尔多：是的。如果因为倒错或者由此而来的影响感到痛苦的话，他们是可以被精神分析治疗的。

参与者：换句话说就是，如果他们提出请求的话？

多尔多：是的，条件是他们提出请求，而不仅仅是表面的应承。他们因自己的坚持而苦不堪言。倒错的人被自己的倒错束缚，倒错限制了他的自由。

参与者：您曾补充说倒错儿童的欲望总是健康的。这句话

①　参见《儿童精神分析讨论班》第一卷第八章。

具体意味着什么?

多尔多:这意味着孩子在重复一些他等待被治愈的东西,因为他为这些东西而痛苦。一个对别的孩子和动物很残暴的孩子,是在重复一些他没有答案的东西。毫无疑问,他在某个对他来说非常有价值的人身上找到了残暴的榜样,或者被他视为楷模的某个人让他承受了这样的残暴。他不愿意放弃这个人,或者放弃与这个人有关的记忆。这个人和关于这个人的记忆对孩子来说与他的自恋息息相关。

为了长大,孩子想要模仿他生命的主人,正是此人有意或无意,在知情或不知情的状况下,做了他倒错的榜样。此人的确可能做了无意之举,但是,孩子记住了这个瞬间。比如,孩子会因为看到父亲打猎归来而认为自己必须成为杀手:"爸爸就以杀戮为荣,所以当杀手是再好不过的事儿了。"他是这么想的,并不在意被杀的是不是动物!杀戮行为就这样得到了价值提升。这是一个要去分析的症状。无论是从自恋的角度来说,还是从那些社会适应的可能性上来说,它表达是一个人在成长中的某一时刻发生了故障。监护这个孩子的成年人在孩子看来是遵纪守法的人,但事实上,他所遵守的法纪是倒错性的。孩子会继续迎合自己想象中的法则,故步自封。于他而言,残恶对待小动物就变成了一个神圣的仪式。否则,他会有愧于父亲或者母亲。这些人曾经在某些时刻,出现在他不可言说的幻想中。(又或者他这么做了,我们却没让他说出来。我们没有与他在现实的维度上谈论这个幻想。)

参与者：他不对自己的欲望让步。但是，您也说过，倒错之人的欲望相对于他的身体图示来说并没有扭曲。

多尔多：是的。我们在疾病中看到了相反的现象，这个疾病不是倒错。在疾病中，身体图示蒙受的是想象的后果。那些有特纳式综合征①的孩子遵从于别人对他们的身体和外貌投射的目光。他们为自己的精神建构所选择的榜样，都是围绕着别人所持的与相关的言论来进行的。他们认同成年人，成年人的身体对他们来说与他们自己的身体相一致（与诱饵相一致②，我们也许可以这样说）。他们自以为与另一个人相似，这个人也确实带有一些性特征，但孩子仅仅是表面上具备这些性特征。这个精神性的进程与他们性腺成熟化的进程背道而驰。

参与者：就您刚才所讲，倒错也许是一种固着的结构，然而比神经症缺少组织性。

多尔多：弗洛伊德说，倒错是神经症的反面。倒错与神经症的组织方式不同。这是一种突然有一天能够变得健康的组织。我认为神经症比倒错更加自恋地固着。力比多是发展的。我们被一个缺失推动着。在终于厌倦了重复去寻找一个贫瘠并没有任何结果的快乐时，我们会转头去找其他东西。不过，确实既可以是神经症又是倒错。

参与者：一个小女孩在父亲身上尿尿，这是不是也有点倒

①　身体的性别化进程和生殖腺性器官的身体性别相反。——译者注
②　在法语中，"他们的"是"leur"，"诱惑"是"leurre"。作者在这里玩了一个同音异义的小游戏。——译者注

错的意味？因为这是一个行为而不是仅仅是一个幻想。

多尔多：是的。但所有的孩子都是可倒错的。在这种情况下，父亲注意到了一些不属于教育范畴的东西。括约肌的节制在所有哺乳动物中都是正常的，除非有残疾。如果不是为了试图吸引父亲对其性器官的注意，这个小女孩应该和同龄的孩子一样能够小便自理。父母一关注她的骨盆，就落入陷阱了。他们其实只需要对她说："听着，该停的时候自然会停。所有动物都是通过自己的努力做到大小便自理的。现在这种情况是因为你不想变成一个女孩，你想继续像猴子一样。我对你的小便问题并不感兴趣。"重要的是，要关心孩子身上的升华进程，而不是身体的原始满足（需要或欲望。）

参与者：在一个女性的倒错案例中，假设女性倒错是存在的，她一开始在爸爸身上尿尿，是为了……

多尔多：是为了煽动爸爸打她的屁股。之后，被情人打屁股就成了她女性情欲化的一部分。在此意义上，我们将这种情欲化看作一种倒错。这同样取决于和幻想连接的强度：是否确实是打屁股激起了性高潮，而不是因为她将自己交付于一个男人？

参与者：在这种时刻，通过身体的一个部分客体，这样的场景还会发生？

多尔多：是的。

参与者：那么在癔症中，恰恰相反，我们仅停留在幻想上吗？

多尔多：不。癔症旨在操纵别人，让他人落入主体的欲望陷阱之中。癔症的人为了让他人照顾自己而操纵他。这就是癔症和精神与身体医学领域的区别。在精神与身体医学领域，人们操控的是自己的身体，也就是一个在内部横行肆虐的超我。然而，癔症只有得到他人回应才能继续。

在这里被我称为"倒错"的，是在俄狄浦斯期之后对乱伦态度的保留。这种态度与肛门爱欲相关，而不是与生殖爱欲相关。例如，一位女士在与情人的关系中维系着一种与父亲的关系，即打她屁股的父亲。这个人在成为她的情人（也就是另一个人，一个家庭之外的人）之前，要首先成为她的父亲。她没有被父亲阉割。

参与者：儿童精神分析家会不会替代父母或者教育工作者？

多尔多：不会。精神分析家没有指导性的教学计划。但是，在面对孩子的时候，我们不能没有建构进程的计划，也就是驱力阉割的计划——一个接一个的驱力阉割。

人们经常指责我太标准化，指责我不只是任凭来访者说出此时此刻的想法，无论是想象的、现实的还是象征的。面对孩子时，这么做有时是行不通的。只有当他们已经能够大小便自理，或者已经言语流畅；当他们能够言语化口腔和肛门的表象，也就是说已经对这些口腔和肛门的表象做了一部分升华，或者已经知道用双手做一些事，并从中汲取到创造性与理想性的愉悦时，我们才可以这样去倾听那些俄狄浦斯期的孩子。

但是，我们不能任孩子胡言乱语，为所欲为——沉默即意味着同意。例如，当一位父亲讲他的孩子睡在母亲的床上，这个孩子被带来时正值俄狄浦斯期危机时，面对父亲的否认，我们不能不做出反应，至少是通过提问来做出反应。对这位自己睡在一边的纵容的父亲，我们可以说："好的，你可以继续。但是我不会和你的孩子一起做精神分析。"

我们不可以一边治疗一边做父亲倒错的帮凶。也许他们无法从第一周起就成功改变行为，但我们必须告诉他们，这些行为对孩子来说是有害的。

我认为在不去阉割那些必须被阉割的驱力的情况下，我们是没有办法做精神分析的。阉割为的是使孩子能够在文化的沟通领域里象征化这些驱力。如果孩子还很小，不能衣食自理，不能独立行动，也不能大小便自理，那么就应由父母去阉割他们与孩子之间的"骨肉相连"，阉割他们希望给孩子带去的帮助。在与孩子谈话时，父母会支持孩子的努力，支持孩子为了独立完成（一件事）而做出的努力；在拒绝孩子，以坚决的方式拒绝提供帮助时，父母应该告诉孩子，而不是说"我可没时间"——因为这不是真的。父母应该对孩子说："不，我不愿这么做。这确实很难，但是你可以做到。"然后，我们可以在晤谈中和他谈困难的原因。

相反，如果我们接受占据这个孩子希望将我们置于其中的位置的话，我们就成了倒错的帮凶——父母自己给予的倒错示范，或者是父母所蒙受的倒错，因为他们受孩子愉悦的支配。

孩子希望将我们置于这样的位置，使我们进入一种角色的转换，就好比她将在父亲身边占据母亲的位置，并且像对待婴儿一样去对待父亲。一个小女孩会为了向父亲挑衅而在白天随意尿尿，她知道这会让她赢得一顿打屁股。对一个还处于肛欲期甚至前俄狄浦斯期的孩子来说，打屁股意味着什么呢？意味着性交的替代品。

　　这个小女孩其实是在引诱父亲，并通过尿尿向父亲指出她缺失的地方："没有"像男孩"一样拥有小鸡鸡"。"如果我有的话，它更能挑逗你。"她之所以用这样一种方式迫使父亲打她的屁股，为的是受虐式地享乐。

第十三章　临床·精神分析—闪现

不可言说(non-dit)①导致的伤害——屏幕记忆：醒来时捏住自己的男人——一个精神病儿童的身体意象障碍——因害怕而斜视的胎儿——缄默症儿童

多尔多：我遇到过一例不同寻常的个案。我在接见父母前先接待了孩子，问："谁想先来?"男孩站起来并跟上我。也就是说，我当时对他与他的家庭一无所知。

我对他说："如果你愿意，就画一幅画或者做做泥塑吧。""我需要一个模特儿。"他在台子上发现了一匹小马，用它来做模特儿。他用橡皮泥做了一个身体，还挺不错。之后是一条腿和另一条完全相像的腿。他就这样做了四条腿，又将其中一条

---

① 逐字翻译，"non-dit"一词由"不""说"组合而成。——译者注

腿切下一半。于是，他捏的动物有三条半腿。然后他又改动了这只动物的四肢，把小马驹变成了短腿猎犬。他没把注意力放在这个改动上，做好后告诉我："好了，做完了。"我很惊讶，发现这个十岁或十一岁的男孩很聪明。

之后，我接见了他的父母，注意到父亲有一只飘曳的袖管。这是位佩戴勋章的先生。当孩子在桌上画画时，他的父母和我谈起了他，描述了孩子的愤怒。

我问这位父亲："您身上发生了什么？是一个意外吗？什么时候发生的？""不，不，"他回答，"这不是一个意外。这发生在战争时期。我那时十九岁，参加了突击队。再后来，我遇到了我的太太。"之后，这位父亲从事了文职，只有一只手臂并不妨碍他的工作。我问他的儿子："你父亲对你讲过他的战争经历吗？他对你讲过他是怎样失去手臂的吗？"男孩脸红了，情绪低沉，眼泪泛滥："我不知道，从来没有人对我说过他只有一只手臂。"父亲目瞪口呆地看着他。在用眼神询问过我之后，他向孩子靠了过去，温柔地抱住了他。这个男孩坐到了父亲的膝盖上，让父亲把所有的事都讲给他听。

我对父亲说："刚刚发生的这些事很重要。这是您的孩子选择的模特儿，那是他根据这个模特儿做的泥塑。与模特儿相比较，它的四肢很短。"父亲惊讶："怎么会这样？我对你说过……""不，你从来没对我说过。""但我们有一起去游泳啊。""不，我觉得这太糟糕了。"看到爸爸只有一只手臂，这太糟糕了。这一点从来没有通过话语被人性化。这位父亲从来没有想过对儿子讲这些。稍晚些，他给我打了电话。我甚至没必要再治疗他了，因为孩子已经痊愈了。在这次晤谈中，在父亲与孩子之间，断肢的现实得到了解码，得到了言说。在孩子非常需要父亲对他讲述断肢背景的时刻，他们之间温情满溢。

由于断肢发生在结婚之前，这位父亲从没有将此事告诉过儿子。这个孩子变疯了，同时向这位不再能拴住他的父亲挑衅。

这很不同寻常：人们不能只在脑子里知道这些没被说过的事。取而代之的，是一个身体对另一个身体的挑衅。父亲承认不再能控制孩子："我安抚不了他。他处于危险之中，把家里弄得乱七八糟的。"这是一些碎屑似的愤怒，一些疯狂的发作。等他缓和下来，人们给他喝水，事情就这么结束了。他什么都不记得，不知道自己为了什么而生气。

我问母亲："太太，您从来没有机会对儿子解释，他父亲是如何失去一只手臂的吗？也没有对他说，这就是父亲获得勋章的原因？"她回答："不，我从没有想到过这会带来什么影响……对我来说，这从来就不是个问题。我丈夫就是这个样子的。"

我认为，这个女人之所以什么也没说，是因为她在自己并不知道的情况下包容着一份残缺。她自己也有可能是1914年战争中一位截肢者的女儿。

值得注意的是，父亲缺失的是左臂，而这个男孩是从给马做一个左前肢开始泥塑的。

这样的事情会带给我们一些指引。这一天，我与这对父母同样受益匪浅。

参与者：如果问题这样就解决了，我觉得，这个男孩并不是特别神经症化，但有一个几乎可以说是由母亲维系的家庭性神经症。

多尔多：是的。癔症的发作意味着某些事情，它要说的是"解释给我听"。男孩的父母非常焦虑。人们给他做了脑电图，认为他患有癫痫。但是他的愤怒不像常见类型的发作：既没有咬舌头，也没有失去知觉。在这次晤谈中，他由涨红了脸变成黑着脸，但是没有发作，也没有坐立不安。尽管如此，当我非常简单地向他提出一个问题时，他还是陷入了令人担忧的状态。这个问题是："你知道你父亲是怎么失去手臂的吗？"

参与者：这例个案是不是展示出，手臂是石祖的替代，而且一定不能……

多尔多：当然。一定不能问爸爸所缺失的石祖的问题。这个孩子的力比多驱动力只能是一个被切除了大脑的石祖，一个偏离轴心的石祖。根据父亲的说法，在愤怒发作时，他到处碰撞，大喊大叫，就像一个着魔的人。更确切地说，这是一种失魂的状态。只有父亲能够使他平静下来。

这个症状的消除在于孩子马上就对我说了他的问题。他以要求有一个模特儿的方式，以将小马驹改捏成短腿猎犬的方式说出了他的问题。但是，当时我什么也不理解，何况他那时完全不讲话，只是说："不，我什么也没有。我来见您是因为我会发怒生气。"他不知道问题是什么。他自己很担心，担心在不知道为什么而发作时打碎所有东西。他认为自己是个疯子。正是这个在折磨着他。他智力上没有问题，课程跟进得很好。这仅仅是一个癔症，典型的癔症。

参与者：要赋予幻想与屏幕记忆之间的区别怎样的重要性？比如说，一个孩子杜撰的父母的死亡以及屏幕记忆之间的区别。

多尔多：每个人都有屏幕记忆。这是人们对某些事情保留的一个整体性表象。这对我们来说足够了。实际上，这也是通过凝缩和移位而构成的回忆。屏幕记忆的构成基础是一个回忆集合，这些回忆停留在被压抑的状态。屏幕记忆是以局部为整体的。

这让我想起一个男人的个案。这个男人坚信父亲在自己两岁半的时候去世了。这对于他来说是一个真相，而他并没有参加葬礼。此外，他没有任何关于父亲的记忆，只有一些照片。

这位男士来见我时，已病重两三个月。一天，他醒来时发现自己在用双手掐自己。他应该要求过女友离开他，因为在同样的情况下，他醒来时差点将女友掐死。这对他来说很可怕。最终，女友离开了他。他来见我，医生们则让他服用大量药物。

他与我面对面坐着，讲述着醒来时发现自己掐自己（身上还带着瘀痕）的事情。突然，他想起来了。八岁时，是他将自杀的父亲放了下来。父亲收到一些来自波兰的信件后自杀了。那时，法西斯开始在波兰迫害犹太人。他们很贫穷，没有钱帮留在波兰的家人来法国。在收到这些信一两个月后，父亲上吊自杀了，手里攥着之后掉到了地上的信。他因为绝望而自杀，因为他的母亲和姐姐还留在那里，可他却无能为力。这发生在战争之前。

我的病人在战争时期撤逃了出来。母亲则在医院里去世了，死于贫穷、缺吃少穿和成为寡妇的悲伤。

在这段记忆重现的同时，他自问是不是谵妄。幸运的是，他找到了母亲的一些朋友，其中一位在缝纫店里打工。这位女子向他证实了真相。他了解到，自己参加了父亲的葬礼，而且人们劝慰他的母亲："他已经是一个小男子汉了，你以后能指望他。"

对我转述这一切时，他是完全清醒的。他的脸不再肿胀，眼睛也不再像之前一样充血。他对我说："真是不可思议，人居然能忘掉像这样的事！"在战争期间，他与家庭分离，继续学业。他非常聪明，能力不错，当上了法学家。

他知道我接见儿童。为什么他会来一名儿童精神分析家这里？那时，他已经被药物冲昏了头脑，无法正常工作了。他生活在恐惧之中，害怕杀死他所钟爱的女友。正是在他们想尽快结婚时，所有这些程序启动了。也是在这一年，他到了父亲死亡时的岁数。

再补充一点：在收到波兰来信后，父亲陷入抑郁——这在那个时代被认为是不治之症，不再去上班。这让他的妻子很担心。

你们看，这是被铭刻于这位男士身体之中的。他必须认同父亲，必须爱他。在这场悲剧发生的时候，他可能正处于同性恋时期，对象是父亲。这就是为什么，结婚也是与"忠诚于爸爸"相对立的。

我没有必要给他做一个长时间的分析。他通过十几次晤谈就走出了困境，后来又回来看过我一两次。

像这样仅仅通过一个解析就产生效果的例子，我还有一个鲜活的故事要和你们分享。

我刚去南部参观了一个非常有创意的乡村机构。机构由DDASS授权，包含一个建筑群，以教育工作者和儿童一起自主管理的方式运行。这非常好。它位于葡萄园、麦田、西红柿园的风景之中。儿童还不是很多。他们无人能入学，都是精神病患者或有智力障碍的孩子。

我见到了一个八岁或十岁的小女孩。这个孩子留给人的只有目光，温暖、湿润、炽热的目光。如果表情不那么僵硬，也不那么弓腰驼背的话，她可能很漂亮。

整个下午，我都在与教育工作者们谈话。我注意到她常"盯着"他们中的一员。她轮流看着他和我，然后走过来坐在我旁边。

告别的时候到了。那些没有和孩子住同一栋房子的教育工作者互相道别，他们总是吻孩子们一下。我注意到，被小女孩盯着瞧的工作人员对她说再见，吻了她的脸，然后与妻子一起离开了。很明显，孩子在等待这一时刻。孩子倾注的对象正是他。在这一刻，她被一种骨盆里的轻微震动侵袭。女孩一整个下午都在走动，这会儿却无法再迈一步，脚被深深地钉在原地。

有人对我说："是的，有时候她就是这样，僵住不动。"但是，我清楚地看见发生了什么。她待在门口，用力支撑着直到失去平衡，无法前进。

轮到我过去了，她缠住了我。因为她用眼神缠住的那个人已经离开了，所以她转向了我。她问我："你坐班车吗？你来吗？"我回答："不，我要去的不是你住的地方。"她问："你明天来吗？"我一开始没有回答，但是在她的坚持下，我最终说好的。她感觉到这并不是一个真的"好的"。然后，我加上了一句："明天，不是过了这一夜的明天。我可能会在很久以后的某个明天过去。"她马上停止了强迫式的重复——"你明天来吗"，明白了我不会去。

人们出去的时候，她杵在门口不动，无法与十米外的汽车会合。我那时在等屋子里的人。我对她说："你不上班车？他们在等你呢。"她向前倾斜了一些，但还是无法移动。于是，我对她说："当 JM 先生（那位教育工作者）吻你的时候，你丢失了下身，就好像你想要把整个下面都给他一样。但是，你的双腿是属于你自己的。"之后，她便跑向了班车，甚至没有说再见。故事到此为止。

你们看到了吗？她丢失了双腿，就在体验到性的情绪这一刻，也就是当他吻她的时候。这确实是一个性的情绪，因为她整个都僵住了。

陪我上火车的人对我谈起了这个孩子。我说她这样绷紧和僵硬，可能是体验到了性的情绪。这时，一个人注意到："这还真是奇怪！你们知道吧，她是一个妓女的女儿。儿童保护部门之所以把她送到我们这儿，是因为她睡在妈妈的房间里，知道妈妈的事。"

从身体意象这一点来看，这个故事很有意思，因为只要让小女孩回想起让她丢失骨盆和双腿功能的事件，就能让她重新行走了。在第一个身体意象中，骨盆与双腿的确被混淆了：这是下身的同一个球及其延伸部分。下午她笨拙地跑过，双腿僵硬，就好像身体意象障碍对身体图示产生了影响的孩子。但之前她都在正常地玩，并没有像这样僵住过。

通常，当她就这样杵在原地时，有人会过来牵住她。这次可能也还会这样，如果我没有对她说话的话。她可能会跟着牵她的人走，就好像这个人与她被一种脐带似的东西连着。她需要多少时间才能找回肢体的敏感性？我对她说："你的双腿是属于你自己的。"仅仅这样一句话就能还予她双腿，同时允许她体验到性的情绪。

我还见过一个非常漂亮的女孩，患有斜视。她母亲说，孩子生下来就这样，而且不但没像人们预料的那样好转，反而变得更严重了。

我想到了头部视觉和听觉这些器官的配对。配对是从孕期的第三个月开始的。我问母亲："您孕期第三个月或第四个月时发生了什么？""为什么这样问？""正是在这个时候，眼睛和耳朵开始一起发育。您的女儿像似在听，但是双眼却向内，所以这里有一个配对的离解，而配对的形成是在胚胎期。"

她当时仅仅想到，她正是在这个时候结婚的。当再见她时，她更正了回答："我那时不想要孩子，在放环之前，已经堕胎三次了。但我再次怀孕了。这就很麻烦。在两次紧挨着的堕胎之后，我开始担心我的健康。我不知道该怎么办，何况我的伴侣并不想要孩子。我还没有结婚，也担心我这个年龄可能会生出唐式患儿或者不正常的孩子。"为了使她放心——她才刚刚过三十岁，妇科医生提议做羊水穿刺。有人说这可能有危险，孩子也可能因此夭亡。她想：如果羊水穿刺杀死了孩子，我就没有堕胎的责任了；如果这个检查显示孩子有病，我的堕胎也会被谅解；如果他是健康的，那么我就留下他。在此期间，她真正希望的仍是堕胎。

看见她如此烦恼，男朋友就对她说："我们结婚吧。"从这时起，她怀孕的状态变得极好。之后，她成为一个非常称职的母亲。

在她向我讲述了这一切之后，她的一些朋友问："发生什么事了？你女儿不再斜视了。"她回答："我没看出有什么不同啊！"事实上，孩子一点也不斜视了，然而母亲还是觉得她斜视。她也告诉了孩子所有的事，而且注意到小女孩深深地注视着她。我对她说："您注意到她深深地注视您，这就证明她不再斜视了。""啊，是的！确实是这样。"

这是一个预防的小故事。没有这个预防的话，小女孩可能会停留在她一开始所表现出来的状态中。她听到过这个死亡的威胁，然后紧紧抓住了自己。她不想听这个来自外面的危险消息。

参与者：她有可能患上精神病？

多尔多：如果是另一个孩子，的确有可能因此患上精神病。我没有做这例个案的分析，但是母亲肯定压抑了某些东西，也许是当她还是个孩子时最小弟弟的死亡。人们可能没有对她说弟弟的死因。也有可能她在某个年龄段听说过有母亲虐待自己的孩子，而当时她敏感得无法容忍这样的事。之后这可能会在以下症状中凸显出来：我无法要孩子；我不能与孩子在一起，这是不可想象的。

她就是这样一个女人。在还是小女孩的时候，她从来没有过成为母亲的幻想。这非常罕见。然而她的身体是想要成为母亲的，三次堕胎说明本我是想要的，但是自我不能要。

参与者：您给这位母亲提出的问题中涉及医学知识，这意味着要以精神分析家的知识为前提。

多尔多：是的，这些问题以胚胎发育的知识为前提。这个知识也存在于语言中，存在于胎儿与父母的关系中。优生学、发病机理学的起源是胎儿不能在安全的情况下发育。在还是胎儿时，人类就已经在捍卫自己的生命了，不愿意听让自己痛苦的事。

参与者：神奇的是，胎儿在面对外部世界时已经有了一种可渗透性。这是我们不能轻易想象到的。

多尔多：对。他之所以感受得到母亲的焦虑，是为了保护自己的健康。他在与这个焦虑做斗争。

让我吃惊的不是症状的消失，因为症状是在我们"谈"到使其产生的事件时消失的。我吃惊的是和一些精神病儿童的母亲一样，这位母亲看不到症状消失了。

我又想起一例特别的个案，是关于一个缄默症儿童的。这是一个三岁的小女孩，她玩的游戏使我询问起她的母亲有没有流产的经历。母亲回答："是的，但那是在这个孩子出生之前。"她遵循医生的建议堕过胎。我说："这样的话，应该是有其他事。"她开始笑："这太可笑了。"我对她说："不，不是她出生之前您有过的流产经历，而是在孩子生下来之后发生的事。""是的，在她十个月大的时候，我又怀孕了。我做了流产。最近六个月，我们希望再要一个孩子，却一直怀不上。这让我很困扰。我也自问这是不是理智，因为我已经有一个缄默症的孩子了，她的一生都将是问题。"

我让她放心，说："我不认为她一生都会缄默。您的孩子正在用她的缄默症说话：'你们没有对我解释。爸爸没有，你也没有。你们没有对我解释，为什么你肚子里有过一个孩子，而且为什么又不在了。'"

这时，小女孩看着我，去拉她的父亲，说："过来，爸爸。这位夫人真讨厌。"之前她从来没有说过话。她在十二或者十四个月时不再叫"爸爸""妈妈"，也是在这一时期，她的母亲去做了流产。一开始，没有人注意到她的缄默症。她还保留着一些表情，还在玩一些游戏。但是，自从母亲尝试重新怀孕却又怀不上时，女孩变得悲伤而且呆滞。母亲应该和朋友们谈起过，自己要去见妇科医生，但没有对任何人谈到过第一次流产。对她来说，那是由医生证明的正当合理的流产。她对第一次流产丝毫没有负罪感，对第二次则负罪感很深。

这个小女孩把自己封锁了起来，不再发出自己所知道的单词的音。她深陷于俄狄浦斯期。

孩子们的行为提出了问题，而我们在回应时不能只是问一些问题。真相来源于此，之前我毫不知情。我对这位母亲说，这不可能是因为第一次流产，而是因为第二次。"就好像在女儿生下来之后，您有过一个婴儿却又失去了他。对她来说，这是一个死去了的婴儿。"这位在寻找女儿的症状和第一次流产之间的关联时要笑出来的母亲，此刻泪流满面。

父亲已经与孩子一起出去了。为了安慰她，我让她以后告知我新进展。然后，我加上了一句："一定要将真相告诉孩子们。他们这么聪明，不可能接受不了。"

第十四章　技术·儿童精神分析结束的迹象

让孩子至少能够幻想死亡——孩子的俄狄浦斯期是与父母
而不是与精神分析家一起形成的——孩子的画本身就是一种现
实，并不是幻想——词的表象（représentation），物的表象

参与者：请问，儿童心理治疗结束的迹象有哪些？

多尔多：您自己肯定有关于这个问题的看法。也许是关于
某一个案例的？可以谈一下吗？是关于一个您认为已经接近尾
声的治疗的吗？孩子几岁了？

参与者：十岁了。他是一个在很小的时候接受过肾切除手
术的孩子。三岁到六岁，他因住院与父母分离，之后才回到家
中。很特别的是，他回家一年后，他妈妈也做了一个肾切除
手术。

多尔多：是和孩子同一边的肾吗？

参与者：我不知道。

多尔多：两个手术的原因一样吗？

参与者：我认为是因为感染。

在这个心理治疗中，与通常的做法相反，我没有经常接见父母。我和这个孩子的工作持续了将近两年半。时至今日，我觉得他已对被切除的肾完成了告别。他月复一月地呈现一些我完全不理解的事情。事实上那是一些脏水管。我对所有这些都进行了诠释和分析。这个肾切除手术将他完全"阉割"了。

多尔多：那他为什么来治疗呢？

参与者：他就像缩减了似的，在学校完全不和别的孩子说话，总是生病，永远挂着鼻涕。他将自己关闭起来了，表达也非常贫乏，以至于最开始被当成精神发育迟缓。

多尔多：他是应父母或医生的要求来的吗？

参与者：应父母的要求。

多尔多：您认为他是时候脱离与您的这段关系了。他呢，他坚持继续这段关系吗？

参与者：他还想继续。比如现在，他会说："您知道吗，我在学校有个女朋友。我学习不太好，她帮我一起做作业。我帮她妈妈购物，她妈妈付我一点钱。"他甚至因此攒了点钱，并且从挣的微不足道的钱里留下一部分来支付治疗费用。他这样说他的小"未婚妻"："也许以后我会和她结婚。"我感觉，他与这个女孩的关系在现实中建构得很好。

多尔多：换句话说，他有一些规划，他接受了过去，并活在当下。对于一个已经在很大程度上超越了俄狄浦斯期的孩子来说，这确实是心理治疗应该停下的时候。

我不知道大家在实践中是怎么做的，但是就我来看，要在孩子临近青春期时结束治疗。这是一些会出现不同问题的时期。

孩子要自己承担自己的苦难。问题在于，父母要能够接受这些困难，并且能够接受孩子自己对自己负责。当孩子的治疗结束时，父母通常很焦虑。这就是为什么必须让他们意识到，由于他们指望着精神分析家，因此有些忽略了自己在孩子教育中作为支持者的角色。在现在这个案例里，你这么做是有道理的。

我认为孩子的俄狄浦斯期反应必须是对父母产生的，我们这些精神分析家只能帮助孩子度过俄狄浦斯期。这是他生命中十分重要的一些东西。我们不能取代父亲的位置，因为正是父亲禁止孩子想象与幻想的生活，甚至禁止孩子的噩梦。如果这些想象、幻想和噩梦入侵了家庭生活，会使全家鸡犬不宁。

应该由父亲来承担这个权威，而不是由精神分析家来这么做。当孩子因生理上有过病变而体质虚弱甚至发育迟缓时，父母会非常担心。但是俄狄浦斯期会改变孩子的境况，也会改变父母的境况。如果我们帮助父母接受戒断，孩子就不会再发育迟缓。戒断什么？戒断领孩子去找治疗师的习惯。他们带去的是什么？是一个处于移情状态中的孩子。"要解释这个移情。对孩子来说，你们要做到的是让自己比我（医生或精神分析家）

更重要。"这就是我们一定要让父母明白的。父亲和母亲要重拾他们的角色。

在成年人那里，移情是对治疗师产生的。但是在孩子这里，俄狄浦斯期是和父母产生的。这一点不可向治疗师转移。如果孩子没有度过俄狄浦斯期，必须等他度过后才在必要时见他。

参与者：我们在俄狄浦斯期之前应该做什么？

多尔多：我们做口欲期（oral）和肛欲期（anal）的心理治疗。如果孩子处于俄狄浦斯期，一定要和父亲展开一个工作，使其支撑住自己"阉割者"的角色——分析孩子不是必要的。也一定要和母亲开展一个工作，不让她在孩子和父亲的直接关系中挡道。当她阻碍父亲在家实施他的法则时，就好像是在父亲和孩子关系紧张时，母亲喜欢孩子更甚于父亲。这时孩子便会在俄狄浦斯期拖拖拉拉，进而出现症状。精神分析家要意识到这些，而不是急忙进入一段会持续两年之久的儿童分析中。因为如果孩子处于一个俄狄浦斯期危机之中，治疗反而会导致他退行。只有当父亲占据了属于自己的位置，母亲意识到自己在父子的直接关系中扮演了摧毁者的角色，实际上父子关系和她无关时，孩子才会解决他在俄狄浦斯期遇到的问题。

父母应该帮助孩子去经受法则，而不是阻碍他体验这段与法则的关系。

参与者：在这个失去一个肾的男孩身上，我觉得有些东西非常重要。在第一次谈到父亲的父亲时，他突然说："您知道吗，我多希望去爷爷的葬礼啊，但是父亲禁止我去。"我问他父亲是否告诉了他禁止的原因，他回答道："我不能和他谈这个，因为一谈他就会哭。"我感觉，从某种意义上说，在面对自己的父亲时，孩子倒成了一个父亲。

多尔多：是的，就像您所说的，他有一个好像刚刚开始产生的象征性父亲。我原本恰恰要补充说，对于孩子而言，就像对于已经超越俄狄浦斯期的成年人一样，必须谈及性生活问题在未来的展望和死亡问题。这个孩子谈到过自己的死亡问题吗？在母亲做肾切除手术的时候，他是否正视过她死亡的可能？他不得不去谈死亡。他已经通过爷爷的葬礼来谈这个问题了。在这个时刻，您有没有问他："你是怎么看待死亡的？"

在没有对孩子谈到死亡的情况下，在孩子没有于幻想中描绘死亡的情况下，我们不能够结束一段治疗。他自己的死亡是当然的，但首先是我们的死亡，然后是父亲的和母亲的死亡。

这个男孩没有说他想离开，是您打算结束治疗的。他想留下来恰恰表示他不接受这段关系的死亡，因为某个人的死亡对别的人来说，是他们与此人关系的死亡。

除了心理治疗以及他的小女朋友之外，他还对什么感兴趣？

参与者：他想当厨师。他喜欢做糕点。

多尔多：他会和您谈这一点吗？他和您说了他是怎么做的吗？我们可以按他的食谱做出能吃的东西吗？

参与者：是的，完全可以。

多尔多：如果按照他的食谱能做出可以下咽的东西的话，

我感觉必须宣告治疗的结束。

如果他想象中的糕点与现实相符，这就意味着当在做这些糕点的时候，他没忘任何一个步骤。因为制作糕点的时候还要把握火候，不仅仅是胡乱搅搅，放面团，放点随便什么东西。必须掌握好火候。您得和他非常认真地谈谈这一点。

有一些标准能显示孩子的心理平衡性。总之，这挺蠢的，就是些东西（ce sont des trucs）。但没关系，你们是精神分析家，不会只看事物的表面。

可以让孩子画辆自行车或者用橡皮泥捏辆自行车。当有一天这辆自行车的模样已经被真正掌握的时候，并且自行车与某人能骑上去所要求的比例相符的时候，就是孩子拥有前进所需的一切元素的时候，那他就可以离开了。他双腿之间有某个运作良好的东西。

女孩情况有些不同。当她描述一条裙子的时候，我们会发现一些可比的东西。得问她们裙子的质地和颜色，裁剪如何，直针还是斜针（我指的是十到十二岁的女孩）。她要知道做一件衣服的必要条件，因为女性是一种倾注心血（investissement）的人。这个工作会占三四次晤谈的时间，经过这几次晤谈，她能带来一些如自行车或者食谱一样真正靠谱的东西。

你谈到的那个男孩做了一件中性的事：菜谱对男孩和女孩来说都很适用。但是，他要能有始有终。如果他说"啊？烤箱？不行，我可不会点燃烤箱"，我们就对他说："那好吧，算了吧！我们做糕点得先点火。你想做糕点，但怕点燃煤气？你为什么怕煤气?"这会让人想到肠内气体,想到呼吸,想到所有那些还没有被分析的事情。

孩子有很多这种能谈论一整天的念头,却没办法让这些念头站住脚。如果六七岁的孩子画了一些小人,小人的脚朝着不同的方向,比如一只向左,另一只向右,我们不能任凭他们离开。这可不行。如果任他离开,他会摔得鼻青脸肿。"这个人要去哪边啊?""去那边。""啊!可他的脚前进的方向不一致。"这些脚是性器官。

确实,一些线条描绘能让我们看出工作进展得是否足够充分,从而决定是否结束治疗。孩子当然会遇到一些障碍。我们无法预知孩子在进入青春期时是否会重陷困境。正因如此,他们必须拥有一些性的符号(symbole)。这些符号在女孩子那儿是头饰、手袋,简而言之,是与衣服有关的东西。我们一定要观察她们表现房子的方式。比如说,我们会看到,相对于餐厅里巨大的桌子,床很小。家具的比例怎样?这一点对前青春期或者潜伏期的孩子来说非常重要。

我最初在图索医院就是这样工作的。在那个时代,如你们所知,当孩子身上不再有症状的时候,我们会任他们离开。一年以后,他们又回来了,或是一些来看感冒门诊的孩子被转介去了精神科门诊。通过对比其中一些孩子的画,我们发现有三个清晰的层次。有些圆形居于中心。我会观察在非常平衡的三个层次中,比如有一条路,一条河,一列火车,是不是有三个发光的轮子,呈端正的向心圆状,或者三个被安置妥当的人物。这个孩子已经过了八岁，也过了俄狄浦斯期。这是一件我所发现的很简单的事，它得到了证实。

相反，当孩子画出两个平面，然后再加上第三个平面，而这个平面与其他两个平面产生干扰时，意味着他们在现实中还不稳定。他们有非常丰富的想象，但没有考虑到现实，没有考虑到沟通所必需的现实。画本身是一种现实而不是幻想。

例如，一个孩子在自己的画上写着"打斗"，还大声地评论说："大打特打。"画中的人物却隔得非常远。"当然，他们不能碰到对方。"他这么说。我们可以肯定这个孩子会重新回来的。他不再尿床了，可又会重新开始。他会有偷盗等违法行为。他的攻击性没有被承担起来，因为他虽然可以谈论他的攻击性，却不能将它呈现出来。

再如，一个孩子画了拳击赛：画中有两个人，其中一个高得无法进入拳击场，只能撑在护栏绳上。他的腿被截了一半。这显然是一个还没被触及的俄狄浦斯期问题。在像这样的案例中，我们一定要继续分析。我们可以不对孩子诠释画中的细节，但得知道这个人物是对父亲的一种想象式描绘。孩子还没理解这一点，也可能是他希望和某个逃脱现实法则的人决斗。

我认为这些画作会说很多，哪怕在孩子什么也不说的时候。我们可以通过这些画作理解，在孩子的象征生活中，他是否用成年人的方式将自己视为将会成为他这个性别的人。这个人有着自己的规划，哪怕规划得很遥远。我们要了解他在家里是不是也是这样表现的，也就是他在家庭里的运作系统，还有在学校，也就是在一个与家庭交接的系统中，在一个使他能够在同龄人中生活得很好的系统中，他是否也是这样表现的——尽管他在家里总是上演同样的马戏表演。

当接近治疗的尾声时，如果孩子还要求一两次晤谈，一定要答应他。但是对很小的孩子，我不会留他到俄狄浦斯期。他不能对我产生旁系俄狄浦斯。一旦我认为他恢复了与同龄人的沟通；一旦我认为他有一些俄狄浦斯类型的冲突，而这些冲突并没有被固化；一旦我认为他在成长，我就会提前告诉他的父母我将对他说的话："就这么定了，他可以不再见我了。即便我死了，我也会为他生活得很好而高兴。"我会和孩子谈我的死亡，而不是他的死亡。他完全不再需要我了。这样更好。他的爸爸和妈妈比我更重要。此时此刻，他希望和我待在一起，但最终他会发现来多尔多夫人这里很讨厌，去别的地方更有趣。

孩子可能完全不同意。这会让父母很焦虑，特别是在面对"浪子回头"的孩子时。母亲希望他安心，希望他可以回来见我。我说："万万不可。如果孩子很焦虑，您可以回来看我。至于他，我并不想再见他。"母亲带着这样的意见离开了。我也许会再见他的母亲或父亲，但不会再见孩子了。孩子的精神分析家必须向孩子明确地传达这一点，当然，并不是在没有提前与他准备分析结束的情况下，也不是在没有为这次永别进行多次晤谈的情况下。通常是孩子自己决定结束前的晤谈次数的。就像成年人一样，在最后一次晤谈时，孩子会带来一份关于他的神经症的原始材料。

第十五章　临床·厌食症^①

> 幼儿厌食症——一个被母亲摔到头部的婴儿——"墓地儿童"——"面包师的女儿"和父亲的丢失之物——死亡驱力与厌食症

作为精神分析家，我们都有和不同年龄、受厌食症影响的儿童一起工作的经验。

我们首先谈一谈婴儿。我治疗过一些厌食症婴儿，有的才出生几天。幼儿厌食症总是会在与母亲的精神分析晤谈前有所动摇。在这些晤谈中，我们同样对幼儿本人说话。我见的婴儿是被儿科医生转介过来的，他们认为精神分析也许能够发挥些

---

①　这篇文章以晤谈形式于 1984 年发表在第 91 期的《雄鸡—苍鹭》杂志上，题为《神经性厌食症》。这里收录的是它的改编版。这篇文章用了一些讨论班已引用过的个案陈述。

作用。大多数情况下，这个严重的症状会迫使医生将婴儿与母亲分开，但又不能帮助孩子承受这样的分离。

在第一次接待厌食症幼儿时，我完全不知道该怎么做。于是，我让母亲先谈谈这个两周大的、拒绝母乳并且依偎在母亲怀抱中的婴儿。他体重下降了很多，远远低于出生时的重量。

母亲看起来精神比较正常，之前已经有三个孩子了。这个婴儿是第四个孩子。孕期和分娩都很顺利。她告诉了我她住院生产时是如何安置三个大一点的孩子的。那时，她得知自己的母亲去世了。

她的母亲是寡妇，身体一直很健康。由于住在外省，她很少见到女儿，但是每次女儿生产时都会来帮忙，非常能干。她会住到女儿家里，帮忙照顾孩子并且料理家事。

她的丈夫上班，早出晚归，无法请假照顾孩子们。

通常，母亲会帮她把她的小家庭打理得非常好。这一次她很焦虑，因为老三在一个朋友家里退行了。老二住在另一个家庭中，失去了食欲。老大跟着爸爸待在家里，每天都去别人家吃午饭。丈夫会去看望其他两个孩子，并且安慰妻子不要担心：事情都会顺利解决的。

以上就是这个女人告诉我的。当有母亲帮忙时，这些小麻烦很容易解决。在产科，人们对她说："这很正常。一个孩子的出生会让前面的孩子感到不舒服。这是机能性的，是性格方面的。您一回到家里，事情就都迎刃而解了。"在理智上，她不愿意去担心。但是，我们能猜到，她一直都很焦虑。她在讲述这些事情的时候，宁愿用一种证人做证词的口吻，而不是用承认抑郁的口吻。她对我说，有一天，就是她了解到老三情况不太好的那天，十五天大的老幺不再愿意吃母乳了。她乳汁充足，而且乳房没有任何问题。"我女儿不再愿意吃奶，整天睡觉。我担心断奶，只好自己把奶挤出来。"

听到这些，我开始对小婴儿解释，并且用她的名字称呼她："你听到你妈妈所说的了。在妈妈肚子里的时候，你一切都很好。然后你出生了，有了呼吸，有了叫喊，认识了周围的世界。你妈妈有过乳汁，是你的呼唤让乳汁到来的。乳汁来了，并且还在妈妈的乳房里。有一天，你通过爸爸和妈妈了解到，家里的哥哥姐姐情况不太好。也许你在这时对自己说：'我可怜的妈妈！我一定要重新回到里面，像从前一样，因为我在你肚子里的时候一切都很好。我一定要回到过去！'"以上就是我对她解释的，不是用一种确信的方式——我从来不给出确信似的解析——而是带上一个"也许"。然后，我问这个女人："您母亲叫什么名字？"我想，孩子的名字与她母亲的名字之间可能存在关联。她猜到了我的想法，马上回答我："不，我没有给她取我母亲的名字，因为我的一个妹妹希望用这个名字，而且我不确定母亲是不是愿意。"正是这个妹妹在照看老三。这时，我对小女孩说："我们正在谈你的外婆。她已经去世了。在你快出生的时候，你妈妈非常想念你外婆，也就是她的妈妈，同时也是照看你小哥哥的那位姨妈的妈妈。但是，在去外婆所在的地方看望她之前，你还有整整一生要度过。"

我认为，对于这个孩子来说，活着是与一种抑郁状态相伴相随的。这种抑郁的状态共鸣于母亲的告别以及她现有的忧虑。女孩凭直觉感受到了这些告别和忧虑。对于一个如此靠近生命之前的孩子来说，死亡也许意味着寻找那个占据了母亲思想的人，而且根据母亲所说，这个人知道如何照顾孩子。那么，她是否需要"抛弃生命"，重新找到已经失去生命的外婆？这些是我脑海里的一些联想，也许很荒诞，但是我将它们呈现出来了。我也许是将它们作为欲望的代表说出来的。它们代表着这个小婴儿所表达的一些高于需要的欲望。她的表达首先是依偎在母亲怀里而不哭泣的方式，然后是不再尝试进食的方式。

　　母亲很感动，问："您认为她能够听懂？她听不到，她还很小……"我继续对孩子说话，并用她的名字称呼她："如果你能听到我们因为你而做的这些交谈，就把头转向我，让你妈妈明白你有多聪明，明白你爱她。"看到小老鼠似的婴儿卖力地将脸转向我，就像是为了看我一样，这很震撼。母亲泪如泉涌："这真神奇，这个孩子已经是一个人了。您是不是认为所有这一切妨碍她吃奶了？""应该由她来告诉您。现在，回家去吧。如果她想要吃奶，您不要再被之前的想法纠缠了。您可以把她抱到乳房前，对她重复这些我说过的事情。"我觉得这个孩子在翻译一个欲望。这是一个身体意象退行的欲望，退行到出生之前。那是吃奶无用的时代，因为胎儿是通过脐带被动地接收灌输的。

我对母亲说："明天或者后天再和她一起过来，我们到时候再谈。"

在与这个厌食症宝宝和她的母亲第一次见面的这天晚上，将她们转介过来的医生打来了电话。

"是的，我见过母亲和孩子了。没见父亲，他没能来。而且，我和小女孩谈了谈。"

"您和谁？"

"我和孩子谈了谈。她非常机灵，我相信她听明白了。"

他惊呆了。

"我明天再给您打电话。我很烦，因为要给母亲和孩子安排入院，但是她又不放心其他孩子。为了让您帮她做住院的决定，我才将她转介给您的。"

"是的，母亲的焦虑，问题正是在这里。这个焦虑源于其他孩子给她带来的担心。"

"怎么办？"

"我们谈过了。如果有必要，我们会再谈谈。不用那么急。为什么急于将母亲和其他几个孩子分开？再等等看。"

他好像理解了。

第二天，医生又给我打了电话。

"您知道吧，孩子的情况非常好！她重新开始吃奶了，而且小哥哥的耳朵也不痛了，我们原来以为是耳炎。"

"好。如果他们愿意再来见我的话，我会安排。"

一切都顺利解决了，我也再没见过他们。

这是第一例个案，我们不能从一例特殊的个案出发解释一切。精神分析家的工作仍然处于无意识这门学科的初期。无意识作用于人类行为，是由这些特殊观察而来的。在这些特殊的观察中，我们试着去理解，然后试着在其他个案那里应用我们从中得出的理论。

我坚信幼儿的这些功能性障碍源于一些局部功能的暂停。这些局部功能具有语言价值，意味着对母亲的积极呼唤，甚至是一种帮助她的企图。这些婴儿是父母最初的心理治疗师，吸收着母亲的焦虑。他们自己的运作在这里被更改了，没有因此出现体液性紊乱。当然，这样的厌食症持续下去会置孩子于危险之中，而且增加母亲因其他孩子而产生的焦虑。

我们遇到过其他一些情况。比如说，母亲厌倦了她的伴侣，因此孩子试图分散她的注意力，与她对话。但是，新生儿没有能力实现这个欲望。这就是为什么他吐出她刚刚才给予他的乳汁。这肯定会让成人焦虑，然而它其实是交流的迹象。这是非常明显的。在图索医院的门诊，我们看到一些婴儿一直到四岁，都还会进入一种我们称之为"反刍综合征"的恶性循环中，即连续性的呕吐循环。母亲整天给他们吃粥糊，他们马上会吐出来。他们并没有日渐衰弱，心理学家和精神科医生却非常担心。要寻找头几次呕吐的意义，必须进行一两次与孩子和母亲一起开展的精神分析晤谈。正是头几次呕吐导致了恶性循环的扎根。他们是否用我们称之为"谈话"的声流取代了喝了立刻会被退还回去的奶流，以此代彼来使交流延续下去？是否是为了婴儿的愉悦，因为他们已经渴望精神上的交流了？是否是为了帮助母亲，使这位厌倦无聊的母亲忙碌起来？孩子想要说的或想要做的是这个吗？

　　婴儿不能说话，只能叫喊或者呕吐。新生儿很容易混淆喉部和咽部，这两个部位是如此靠近的交流之地：一个是为了食物的物质性交流，遵循从口至胃这个方向；另一个是为了气息的巧妙交流，在两个方向上（吸和呼）使气息交流凭借喉部以及肺的推动，能够发出叫喊以及说话的声音。

　　这堂对婴儿和他的母亲所做的简短的解剖课可能很有用，无论他们是否明白了。它的效果让心理学家以及医生都感到惊讶。他们尽力设法去帮助母亲，有规律地接见孩子，但没有想到谈一谈这个症状一开始所具有的积极意义，即使它使所有人进入一种焦虑性的持久闹剧中。这其实是一种交流沟通的方式，也是母亲与孩子之间的私密连接。所以说，这是一个误会。

　　我提出了一个假设：身体意象与身体图示的交汇能够导致功能意象的退行——或者是口腔爱欲的功能意象，或者是嗅觉气味的功能意象。通过一种身体意象的侵犯，身体器官提前有了一个不属于自己的交流沟通的象征性功能。但是临床经验不能仅凭自身的过程，就证明理论的恰当性，即使这个理论明显具有可操作性。临床经验的价值体现在相互移情的交流沟通这一范围里。护理人员与被护理者之间，护理人员、孩子与母亲之间，就像所有人类之间的互相理解一样，是通过话语交流沟通的。

　　以下是另一例婴儿厌食症的个案，有着创伤性病因。有一天，有人致电我丈夫担任校长的按摩学校，请一位按摩体疗医师去照料一个三个月大的小女孩。女孩在一次摔落之后脊椎青枝①骨折：她不再能进食，快要死了。一定得做些什么，哪怕只是为了孩子的父母。再说了，通过对脊椎的伸展，在矫正骨折的同时也许能够帮助孩子存活下来。

　　我丈夫想到了按摩学校里的一位助产士，是他的学生。我也很了解她。在与医生们会过面并且见了孩子之后，她困惑地来见我。当那位母亲对她讲述那场意外的时候，她记下了母亲的话语：孩子从她怀里滑落，摔到了头。医生们咨询过两位儿科教授后认为："这个孩子会死，但是我们不能丢下她的父母不管，不能不试着做些事情。"婴儿不再知道怎么吃奶，不再入睡，心跳极快。她比出生时轻了三磅，尽管有生理盐水注射和葡萄糖溶液的直肠滴注。

　　我们也不知道该怎么办。戴妮丝，那位按摩体疗医师，和我一起想办法。我建议她去看看孩子，并且用她的名字叫她。在第一次出诊的时候不要碰触她，除非孩子允许她这样做。特别是要告诉孩子发生了些什么。要告诉她，她从妈妈的怀里滑落，摔到了头，而且从那以后，妈妈不敢再碰她，她为自己的

---

　　①　une fracture en bois vert，外科以这样的方式称呼婴儿和非常幼小的儿童没导致移位的骨折——以珊瑚花枝的折皱作类比。——译者注

笨拙感到内疚。"如果您成功地让母亲和孩子聚到同一个房间（母亲焦虑到不敢再看婴儿），那么试着让母亲从内疚感中解脱出来。可以当着她的面，对孩子说：'你的母亲很爱你，但是自从你生病以来，她不敢再看你，因为她认为她对你的痛苦负有责任。'"

这个小女孩家庭富裕，在家里接受治疗，白天有一个护士，夜里有另一个护士。母亲完全无法照顾她，患了严重的抑郁症。按摩体疗医师对孩子来说，是一个多出来的新人。为了使孩子接受她，我认为第一次按摩必须与母亲和孩子一起做。戴妮丝回来后对我说，她成功地说服了母亲。母亲呜咽着对孩子讲述了当初所发生的事，并且解释了陌生人的在场，说这个人是为了帮助她而来的。戴妮丝对我说："我没敢碰孩子，太震撼了。她一眼也不看母亲，也不看护士。在我对她说话的时候，她只看着我，用一双十八个月大孩子的眼睛，而不是用三个月大孩子的眼睛看着我。她焦虑的双眼盯住我的眼睛，同时与我保持距离。一旦我靠近，她就叫嚷。不是婴儿的叫嚷，而是以一种奇怪的方式喊叫，就像一扇吱嘎作响的门。怎么办？"

"这样吧，您再回去看她，一天两次。如果她看着您，您要用她的姓氏叫她，慢慢地看着她靠近她。您要对她讲所有这些您正在做的，您为了帮助她活下去、帮助她治愈所做的事情。一旦赢得了她的信任，您一定要让她做出胎姿。"在桌上做拉伸在这个案例中毫无意义；相反，胎姿是对脊椎最好的拉伸。胎姿还能给予婴儿她自己的退行意象，即在事故发生前，在她出生前。这个想法是根据我对身体意象的假设而来的。身体意象在零到三岁之间发展演变，同时与身体图示交汇。无意识意象是为精神交流沟通之欲望服务的，然而身体图示，解剖学的，是准备用于——尤其是在生命的最初——满足孩子需要的。身体图示和身体意象二者很早就相互交织，有时甚至相混淆。欲望植根于需要之中。

经过两次会面，戴妮丝成功地使孩子接受了她的在场。她每天见她两次，不停地看着她与她说话。小女孩双眼也从不离开她，不再畏惧她的靠近了。戴妮丝一开始是抚摸她，然后一边按摩她的肚子、四肢、胸廓，一边告诉她这些部位的名字，使她意识到自己身体的各个部位。五天下来，她可以让她做胎姿并且保持胎姿了。经过七天的时间，椎骨的角度形成完全消失了。家庭医生对此极为惊赞。

虽然宝宝的心跳还是非常快，但是已经变成可计数的了。小女孩骨折消失，睡眠恢复，小便正常，呼吸均匀。可是，两周多过去了，宝宝还是什么也不吞咽，舌头与嘴唇对奶嘴不起反应。通过抚摸她的嘴，对她谈奶嘴，人们终于使她可以用嘴角噾住奶嘴了，但是她不知道吸住奶嘴，不吞咽奶瓶里的液体。治疗进行了二十一天，她快四个月了，体重却比出生时还轻。需要插胃管来喂养这个孩子吗？得多长时间？我们谈过这个问题。我对戴妮丝说："这不行！在子宫内，孩子们知道吞咽。她应该可以重新找回吞咽能力和口唇的吮吸能力。一定要对她说话，试着重新赋予她在子宫内就已经知晓的感觉。也许她能够将这些感觉和吃奶嘴联系起来，并由此重新找回吞咽能力。您要让护士帮助您，让护士给孩子固定胎姿。与此同时，您轻抚她的脐部并对她讲这个她还是通过脐带被喂养的时候就做的姿势。然后，您要争取给她喂一瓶加糖的温盐水，像羊水一样。"我们那时已经知道用糖水注射促进子宫内胎儿的吞咽。

戴妮丝对我说，前几次她试着让宝宝做这个姿势的时候，宝宝抗拒，把头转开了。"她尝试做她在出生时所知道的动作。您要对她说：'是的，你希望出生，我也特别希望你出生。但是要你先找回一些你出生前就会做的事情，也就是吞咽能力。因为当你在妈妈的肚子里时，你就在喝，甚至在知道呼吸之前就会吞咽了。你一定要重新找回吞咽能力。'"

当护士把孩子固定出胎姿时，戴妮丝喂了她十毫升盐水。这些盐水被贪婪地吞咽了下去。护士松开胎姿，戴妮丝称赞孩子："好样的，你能重新吃奶了。"母亲希望她多喝一些，于是戴妮丝给我打电话。我说："别再多了。十毫升已经很多了，这是新生儿第一次吃奶的剂量。两小时后再给她喂一瓶，这次加上一点奶。"她照此做了，到第三瓶的时候就不再需要重做胎姿了。婴儿找回了吃奶的能力，她得救了。

这个故事有一个非常有意思的结尾。三年后，戴妮丝收到一个邀请，去参加这个女孩的弟弟的洗礼。她去了，遇到了一个三四岁的小女孩。她在给大家发糖衣杏仁，非常机灵。母亲自豪地对戴妮丝说："看，她变了！"然后，她对女儿说："你还认得戴妮丝吧？E小姐，她在你还是宝宝的时候给你做过治疗。"孩子突然变得很严肃。她紧盯着戴妮丝的眼睛，扔下手里捧着的东西，尿了。她从十八个月大时就不会尿裤子了。接下来，她走到了一边，把戴妮丝和母亲抛在原地。完全无法让她再回来。母亲觉得这很失礼，戴妮丝说："千万别坚持。"她感到刚刚发生了非常重要的事情。小女孩一味回避，不再看她一眼。这个观察很有意思，原因在于戴妮丝的目光。孩子曾经在一个极度恐惧的危险中见过这道目光。一份无法表达的不安使孩子害怕重返她应该在很久以前就已经摆脱了的身体意象。小便失禁就是证明。事故过去了，她又变得敏捷灵活，重新开始了与来宾们的游戏，彻底无视了这个来自炼狱的闯入者，就好像在女孩的眼中，戴妮丝是透明的。

在医院门诊咨询处，我们看到过很多儿童的假性厌食症。从十五或十八个月的儿童到五六岁的儿童，不愿意好好吃饭，如母亲所说"没有胃口"。但是，他们并不呕吐。这些孩子反复无常，经常唉声叹气，但还是在成长着。这是一些假性厌食症。这些儿童不使用自己的手和嘴进食，他们滞留在一段口腔关系中。在这样一段关系中，母亲是他们食品供应的负责人。独自一人时，他们以一点点乳品为食，不能上桌吃正餐。大人们被迫将孩子抱到膝盖上，担当起食品输送工。他们一边给予孩子在他们身上进食的权利，一边撤销了孩子自己进食的责任。

在图索医院工作时，这些没有胃口又挑食的轻度厌食儿童让我有了一个想法：准备好一份医嘱——当然，我会给每一个人都写一遍。在听过母亲和父亲的讲述之后——如果他在场，在听过他们在孩子面前谈他每顿饭都耍的把戏后，我对他说："你在妈妈肚子里的时候，她不用关心你吃什么，你那时是用肚脐吃东西的。"接着，我就对他解释什么是肚脐。这是母亲从来没做过的。然后我会加上一句："出生后，你应该通过嘴巴去吸妈妈的奶。你长大了，有时会吐，但是成长得非常好。所以说，很小的时候你就知道你需要什么。你很聪明。"对母亲，我会说类似的话："您不用烦恼，您的宝宝一直知道取他所需，无论是在您肚子里时，还是在他出生以后。既然问题是在将近十五个月大的时候突然出现的，为什么您会认为这个孩子现在会比胎儿或者小婴儿时更笨呢？"要将每个人重置于自己的身份中，而不是任凭他们留在一个通过想象的脐带而互相依赖的关系中。

我是从这里开始的。我沉默地写医嘱，然后高声念给母亲和孩子听："在和大家一起用餐时，给孩子他那一份。他可以多吃，也可以少吃，或者完全不吃。进餐要依从上餐的顺序。如果有多道菜而他没有吃头道，他能够吃主菜。如果没有吃主菜，他可以吃甜品。如果他什么也没吃，祝贺他，这证明他不饿。没有什么比给不饿的身体喂食更糟糕的了。如果他的嘴没饿到需要进食的话，是因为胃没有对嘴说，胃想让嘴替胃进食。"我以一句玩笑来结束医嘱："为生活上的经济节约而做准备是好的，少吃是很节俭的。"

我会给母亲一张准备好的纸，上面注有一整周的早晨、中午和晚上。"太太，您要写上孩子每顿所吃的食物，但是千万不要鼓动他进食。"接着，我对孩子说："你听到我对你母亲提出的要求了吗？我要求她不强迫你吃东西，但是要在给医生的这张纸上注明你吃的东西，这样我们才能明白你需要的是什么。"我叮嘱母亲："下周再来。我们会再给孩子称体重。我们先经过七天的观察，再看如何治疗。"七天后，他们来了。护士给孩子称了体重，与此同时，母亲出示了注明孩子什么也没吃的纸张。他去上学了，没有晕倒。护士拿过来的单子显示孩子至少增加了八百克。有次甚至增长了超过一千克。

我们知道会发生些什么：母亲会发脾气。确实如此。"如果什么也不给他吃，他反而更好的话，那可真是太妙了!"于是，我对孩子说："你妈妈曾经因为你不吃东西而苦恼。她害怕你一直瘦下去。现在她的苦恼是，你在什么也不吃的情况下长胖了。你太省钱了！妈妈都喜欢照料孩子。然而，你不再需要她像照顾宝宝一样照顾你了，你在她不帮你吃东西的情况下也过得很好。做妈妈可真难。"在我给孩子做治疗晤谈的同时，母亲和护士谈话，承认她作弊了，给孩子穿了稍轻一些的鞋子。孩子怎么可能在基本什么也没吃的情况下增重呢？她是不是一个坏妈妈？等等。护士非常有人情味儿，一直安慰她。

一周后，我们再与孩子一起工作。这次工作涉及他对母亲的依赖以及他的欲望：调动父母对他个人关注的欲望。正是这个欲望阻碍了他的力比多向俄狄浦斯期发展。当父亲强制孩子去吃想要让他吃的东西时，我们跟父亲的对话就更加困难了。

与母亲的对话简单些，因为她能够认同我。她请我帮她分娩出一个真实的孩子、断奶的孩子，帮助她摆脱一个想象中的还需要她的孩子。有时需要两周以上的时间使一位母亲断奶。我们既要耐心而同情地承担她的暴怒，又要对她解释孩子并不需要吃所有她希望他吞食的东西。

与父亲的晤谈棘手些，因为建议一个男人应该如何对待孩子并不是好主意。我在医嘱的下方注明，医嘱不涉及父亲，他可以照旧。如果他能来，我很高兴接见他。如果他的工作不允许他来医院，他可以给我致电。根据母亲的叙述，父亲有时甚至会用皮带强制孩子吞咽食物。孩子喜欢以自虐的方式惹怒父亲，直至这种暴虐致使父母与孩子之间酿成悲剧。

孩子非常喜欢妨碍父母融洽相处。这种融洽相处会使孩子不得不进入俄狄浦斯期。一些孩子甚至到了能够自立的年龄，还是不能忍受母亲对父亲比对他们更关心。女孩和男孩经常惹怒父亲，为的是让他以施虐的方式对待他们。我就是这样对孩子解释的：如果不可能成为父亲的女人，那可以成为让父亲上当的狗。这让孩子发笑，因为他们总是不择手段地试图成为父亲的主人，即使得到的回应是暴力。暴力招致继发性负罪感，并且引发所有在噩梦里随之而来的报复顽念。

我要求母亲不要介入孩子和父亲之间。如果她受不了，可以离开餐桌。尤其是不要与父亲开战，也不要强制父亲与她做法一致。我对她说："如果您的丈夫看到这份医嘱，他一定会觉得我是个疯子。他可能想要以他自己被养育的方式来养育孩子。但是，既然您想要帮助孩子，那就请告诉他，您给予了我两三周的信任。如果孩子情况不好，我向您保证，我们会接收他来医院做观察。"这些话语带来了母亲的平静，也带来了父亲，或者说使他打电话给我。父亲通常会对我发脾气。等他发完脾气，我们就能够谈论这段控制性关系了。在这段控制性关系中，不是他——父亲——在做指挥！最终是他去忍受孩子。他需要得到帮助，去结束这场悲剧—闹剧。

这就是为什么，我在父亲与孩子之间相互施虐性的游戏中维护着一个安全阀，直到孩子凭借心理治疗意识到这个凶险的俄狄浦斯式游戏。

我记得图索医院的小维洛妮卡的个案。我对她的母亲说了我刚才说的那些话，请她晚上随她先生的意，想做什么就做什么。只要孩子与父母中的一员发生点什么事，争吵就会在这个男人和这个女人之间连续不断。每天晚上，小维洛妮卡都在享受着施虐—受虐的原初场景。在呻吟和偷窥的母亲面前，维洛妮卡享用着父亲为了让她把汤吞下去而扇给她的巴掌。

我认为，这样在暴力中"进食"，通过父亲来进食，对女孩来说更危险。确实，父亲与孩子在一起的经历不同于母亲。严格地说，他不喂孩子，他在孩子逃避服从的时候冲孩子叫嚷。母亲却对孩子的健康感到焦虑，担心她没有力气去上学。与之相反，父亲在他的自恋中更多是被一种懊恼触动到了。他用攻击孩子的方式对此做出补偿。由于父亲不总是在场，相对于母亲对食物的态度来说，孩子更容易从父亲对待食物的态度陷阱中解脱出来。为什么呢？因为母亲的焦虑与前一生殖期的植物性生命产生共鸣。这份共鸣伴有共生的这一部分。共生的这一部分曾经存在于胚胎与母亲之间，然后存在于口欲期的婴儿与母亲之间。在这里，厌食症的身心性成分相对于癔症性成分有所增加。

身心性这一部分是我们作为医生必须主要承担的部分。癔症性这一部分则应该由孩子承担。要让他懂得，他通过小把戏在父亲那里维系着的焦虑约束了他发展自己的独立：在社会活动中，在同龄人中，在他将要做的对男女伙伴的选择中，走向自己的独立。在癔症的症状中，愉悦在于将他者作为其他人来操纵。然而父亲不是长时间处于被操纵的他者这个位置上的，他是被用来超越的。孩子要把他留给母亲，然后放弃父母，与同龄人为伍。这就是俄狄浦斯阉割的效应。这部分工作的完成比第一部分简单得多。

第一部分工作在于将孩子从那些妨碍他独自进食的身心禁忌中解脱出来。一些孩子停留在很严重的口腔被动性中，依赖母亲，在她身上找到了过分保护的帮凶。于是，激怒父亲对他们来说是一个转移自己那些积极性口腔冲动的机会。他们以这样一种方式引入父亲，代替母亲翩翩起舞。这个与父亲权威的负面关系，使他们享有一些在父亲身上的权力——作为父亲愤怒的激发者和主宰者，阻碍父亲与母亲建立亲密关系。

一些父亲明白得足够快，因为妻子在看到他们攻击孩子的时候不再反击——在这方面她们得到了治疗师的帮助。这些父亲相当快地明白了，孩子在通过所谓"没胃口"戏弄他们。他们会厌倦这个天天如此的把戏，并且就这样由他去："反正，如果你病了，我们就送你去医院。"事情非常快地解决了。因为对于孩子们来说，认同于同龄人比认同于父母更重要。他们想要长大，和他们看着长大的那些人一样，并且想要为自己的愉悦变得积极，而不是因害怕让父母不高兴而停留在无所作为当中。他们就这样为了拒绝母亲的欲望走出了对母亲欲望的依赖，或是为了反对父亲的欲望走出了对父亲欲望的依赖。当然，这对独生子女来说相当困难。他们被困在父母之间，并且见的人不多。他一定要经常和其他孩子交往。

让我们把假性厌食症放到一边——它属于前俄狄浦斯期性格障碍，来谈一谈年轻女孩或年轻女士的后俄狄浦斯期厌食症。可能会产生一个需求性口腔部分客体逐步演变的方向逆转。这个逆转了的方向通过重返变成了欲望的语言：被吞咽到胃里的部分客体重返口腔。这里的一个轻微症状是感觉到食道里有一个球状物。很多焦虑的人都会谈到这个球！然而，要在"喉咙里"这个感受层面上区分两个症状。

对食物的投注产生于空气—消化的交汇处。食物是需求性口腔客体，之后通过味道以及与母亲的关系，才变成欲望客体。但是，也有嗅觉呼吸客体，它与呼吸的生命需求相关联。嗅觉呼吸客体包括母亲细腻味道的嗅觉，或者某些日子令人讨厌的味道（就像他自己的味道，比如说，母亲不喜欢宝宝身上的大便味道）。理解这个空气—消化交汇处的角色非常重要。

在这个交汇处，需求与欲望以不同的风格相遇在"喉咙里的球状物"这一症状中。

我遇到过一位有这种症状的女士。她的症状有两个来源。在某些时候，喉咙里的球状物让她觉得很痛："啊，如果我能哭就好了！"但是，她并不知道是什么让她如此痛苦。在另一些高兴的情况下，她不再能吞咽，眼泪与叫喊完全帮不上忙。这是一个话语的堵塞。话语出不来。球状物是食管的癔症功能性缩小的产物。食管关系到消化道蠕动。它的功能是吞咽，方向是从口至胃。这是一种类型的口吃，口腔性损耗口吃，当然，是口腔性损耗的形象化转换。另外，比如说在被冒犯的时候，我们会说一个习惯用语："我咽不下去，太难下咽！"①就这样，这位年轻女士与自己钟爱的男士在一起时不能进食。当然，她是以这样一种方式去表达欲望的：在还不敢将欲望说出来的情况下，通过一种情感表现去表达。

她那西方年轻女子的形象强迫她忽视因一个男人而感受到的躯体欲望。分析工作使她明白了，这涉及的是欲望。她在食道上所感受到的焦虑是一种转移。她强烈地欲望着与她在一起的这位男士，以至于将超我禁忌转移至喉管，妨碍到吞咽。她是敞开的，但是她并没有意识到。她的男友，未来的丈夫，以为她很为难。他本来想要带她去庆祝他们的相遇，但是遭到拒绝。他完全无法理解，当他尽力设法给她送去美餐时，怎么反

---

① 例如，中文习惯用语中的"我咽不下这口气"。——译者注

而造成了分手。

　　她来咨询，一想到由于食道里的球状物，也许分手的责任在于自己，她就非常绝望。有一天，她的情人想在邀请她晚餐之前先上床。真是不可思议！随后，她成为一个好客人，表现得健谈而幽默。因为先有了性接触，食管与喉管都解放了。在此之前，在面对这个男人所代表的，不仅仅被欲望着而且被爱着的完整客体的时候，她身上的纠葛从来没有被化解过。这是一个口腔性—嗅觉性—生殖性之间的纠葛。这个纠葛的化解对任何人来说都不是彻底的，无论是男人还是女人，或者说我们自以为是的成年人。男人通常被看作一位母亲而不是一个男人，或者被看作性对象而不是生活伴侣，就好像伴侣的身份撤销了性的重要性。与之相伴的，是在面对伴侣时女人的性冷淡和男人的性无能，双方性欲缺失。作为一生的配偶，他们尽管相处融洽却无法欲求对方。我们不断在夫妻关系中遇到这个问题。

　　我认为，在一些应该彻底改变与父亲关系的女孩这里，青春期出现的厌食症是关于生殖途径的投注障碍。当父亲还没有从感性冲动客体这一角色中分解出来时，就是这样一种情况，原因是乱伦禁忌没有被明确说出来。另一个原因是父亲的偏爱没有被充分表达：相对于女儿来说，父亲偏爱的是妻子或其他女人。这个纠结将在成人阶段被化解，在她发生头几次性关系之际被化解。生殖性驱力与口腔性驱力纠葛的化解失败，原因是这些驱力没有放弃对父亲抱有的俄狄浦斯期欲望。纠葛化解的失败会导致后青春期年轻女子的暴食。她们以此保护自己对年轻人的欲望。纠葛化解的失败也会导致女孩与同龄女性的生殖性敌对竞争。

我观察到，这发生在父亲没有投入父性功能的时候。在女儿的眼里，他就像一个大哥哥，或者一个母亲的替身。他没有作为一个情人在场，缺席于妻子的念头当中。对于这个年轻女孩来说，父亲的欲望在她的受孕中扮演了某个角色，这一点几乎不可想象。与之相反，父亲能够拥有非常苛刻的超我功能：对女儿的学业、作息时间、进进出出或者阅读的安排。他在她身上完全看不到这个对其他人来说已经蜕变为女人的年轻女子。他受不了女儿以女人的身份尝试融入社会：作为一个被人渴望的，充满创造性并且脱离了父亲监护的女人。

这些父亲是"过分的"父亲，尽管他们并不是侵犯者。他们通过禁止以及带有嫉妒的监视，使女儿对自己的生殖性发展产生罪恶感。于是，被压抑的生殖性爱欲驱力在女儿这里诱发出口腔愉悦追求的膨胀——贪吃的追求。如果不能吸引到男孩的阴茎，她的欲望就退回到吃的驱力。由于没有经历对父亲的放弃，这些女孩没有被生殖性化：她们不认识俄狄浦斯期的特征，没有体验过青春期时俄狄浦斯期的再现，尤其是强奸的焦虑，而这正是年轻女孩青少年时期具有富有建设性的幻想。剩下的只有屈服，屈服于老板—父亲阴暗、反生命力的话语。这些女孩暴食或厌食，被积极性口腔驱力和肛门驱力淹没。她们通常工作勤奋，但目的不是从中获得愉悦。这种强迫性的活动好像能带给她们巨大的满足。她们考试成功，也会进行体育活动。我们要清楚一些厌食症患者是如何完成一些连非常强健的人也无法完成的任务的。她们精疲力尽地为他人或自己烹饪，但并不去吃这些食物。

我认识一位精神厌食症患者。她整天一边刺激自己的胃口，一边烹制精致的菜肴试着去吃。她与父母没有发生过任何冲突。他们生活在离她很远的地方。她是学生，独自住在城里的一个房间里。她有一些同学，但没有真正的朋友。她的童年是在弗朗德尔乡下度过的，没有真正的社交生活。她的父母是守墓人，住在一个离大村庄几公里远的地方，不便于建立人际交往。我并不是为她的厌食症进行治疗的。她来看我的时候，厌食症已经被治愈了。她因营养不足陷入昏迷，被紧急送往医院抢救。医生建议她咨询一位精神分析家。后者接见她一两次后，不建议她做分析，推荐她做一个精神麻醉分析[①]，就像人们在这家医院常做的一样。她与一名既没有精神科也没有精神分析学习背景的医生一起工作。医生给她打针。在针剂的作用下，她感觉自己睡着了。他不会待在她身边。数小时后她醒过来，回到自己的房间。无论如何，她的厌食症被治愈了，她能重新开始学习了。但是，她对给她打针的医生的爱慕之情仍然

---

① 麻醉分析是以注射麻醉剂的方式使压抑性记忆复苏。注射分析 1930 年作为"真实之精华"被用于对战争精神创伤的治疗工作，并在战后获得了一定的名望。今天，它已被广泛弃用。它在司法心理学中的应用于 20 世纪 50 年代末受到强烈批判。参见维基百科相关词条。——译者注

萦绕心头。她对自己常见的医生谈了这些情况，这位医生在另一些人的建议下给了她我的地址。她一边使自己生病，一边持续不断地通过医院去纠缠这位医生。对医生的思慕妨碍了她对学业的专注。

这个女人极其聪明，很有才华，工作勤奋，曾经全身心投入化学的基础研究中。她是一对非常和睦的夫妻的独生女。她说她的父亲很聪明，但是没有受过教育。她的母亲友爱、简单、幸福。他们三人生活在偏僻的地方，这一点我之前已经说过了。人们曾经将她的童车放在坟墓之间。开始走路时，她在坟墓间游戏。这一点也不凄凉。她的经历中那些最快乐的时刻，是殡仪车经过的时候，是花圈和人造花的商业代表以及村民来访的时候。村民们来给家人扫墓，有时坐上桌喝一杯。

她在学校表现得非常优秀，但她自己并没有察觉到这一点。将近十四岁的时候，她想要辍学去做和那些来看她父母的人一样的工作。他们推荐她去一家珍珠人造花的制造厂工作。这个前景让她很高兴。但是老师、神甫、市长都来见她的父母，对他们说："这太荒谬了！你们的孩子是村里最聪明的孩子，你们是知道的。一定要让她继续学业。"她对学业并没有什么特别的追求，做人造花才是她感兴趣的事情。观看葬礼其实是观看一出好戏，这是一个除此之外单调透顶的社会生活的美态。父亲为自己的女儿感到非常骄傲，很爱她。她不愿意使父亲失望，而名流的提议大大强化了父亲的自恋感受。她很轻松地完成了有机化学的学业，不太知道为什么这门科学让她如此感兴趣。然后，她一点点地陷入了厌食症，变得毫无血色。然而她一直在用为数不多的钱，不停地准备精致的菜肴。

她每周日都回家。母亲会给她准备油腻的食物。她联想到了这些食物，描述了它们。母亲给她做炖肉，不同种类的烩牛肉。这个女人用的食谱来自自己的母亲——我的分析者从来不认识的外婆，祖籍在北方。但是，烩牛肉对她来说代表着父亲挖墓穴时粘在他铲子上的渣滓。

做了几周的精神分析后，这位年轻女子独自做了一个决定：询问替她做精神麻醉分析的医生是不是在她睡着的时候吻了她的嘴唇。她曾经以为是幻觉的事情重新回到了记忆中：一个视觉和触觉的画面，通过她的整个身体感动了她。她在家里，在半睡半醒中，重新体验到了这个画面。医生脸红了，回答说，她那是在做梦，这是一种在精神麻醉进程中很常见的梦。但是，几天后，他来找她，承认了事实：有一天，他在她睡着的时候吻了她。这件事的披露让她安心了许多："也就是说，我没疯。"这个男人确实在她睡着的时候引诱了她，此举对孩提时睡在坟墓中央的她来说产生了意义。睡眠和那些死亡冲动与爱相结合，复苏了。这是一份对在她身边工作的男士的爱。他就像曾经在她身边工作的父亲一样。她之所以迸发出对这位医生不寻常的爱、想象的爱、毫无希望的爱，自有缘由！她明白了其中的俄狄浦斯之意，更何况她知道这位医生的相关背景。他是基督教积极分子，是一位多子女大家庭的父亲（孩提时，孤单的她羡慕大家庭的孩子们）。分析工作使她卸下了自己身上的罪恶感，也使她宽恕了这个男人。从这以后，她与他有过一起工作的机会。这些精神麻醉分析就像我们所看到的这样，对医生来说有时比对接受分析的人更加危险。

这个传统的分析持续了将近四年，一开始是每周三次，之后是每周两次。起初，我自问这个人是不是在用那些墓园的故事编瞎话。但是她在弗朗德尔的母亲证实了她在坟墓间度过的快乐童年。她所讲述的不是一些屏幕记忆，而是童年的真相。这个女人很少做梦，而且她的梦总是与白天的活动内容相关。她很少有情感流露，无论是在与我个人的关系中，还是在与周围人的关系中。对周围人她从来不持冒犯性言辞，但也很少流露出友好的态度。在分析过程中，她决定去学习有机化学、生物物理以及细胞间的电传输。比如说，她在鱼和哺乳动物身上所做的神经细胞试验，让人们明白了癫痫发作时发生了些什么。她在理智上和情感上都醉心于对同位素的学习。这门科学在这个年代飞速发展。在结束分析若干年后，她结婚并有了一个儿子。

当然，也有另一些和年轻厌食症女孩一起进行的分析工作。我还记得她们中的一位，我从来没有与她谈过她的症状。她的性格让人难以忍受，已经有两位精神分析家厌倦负责治疗她了。她总是有麻烦事，而且家里人电话不断。这是一个生活在高档住宅区的年轻女孩，先由继母抚养，之后又由外婆抚养。但实际上，她总是被托付给保姆。保姆并不觉得对她负有责任。她喜欢与在舞厅里认识的流氓交往。一次，她对我说，一个与她所处环境相同的女孩告知了父亲她的交往情况。面对我的沉默，她补充说，就在同一天，她约了这些让她很害怕的男孩中的一个到她家楼下。她试图以这样的方式将我也带进这些阻碍她交往的成年人的舞蹈中，同时试图让我脱离精神分析家的角色。我没有回答她，而是定了下一次的预约日期。

"您就这样让我离开？"

"就这样。"

"他就在下面等着我！"

"他当然可以等您。"

"我要待在您的候诊室。"

"不行。晤谈已经结束了，您现在要离开。"

我请她出门。晚上九点，看门人上来对我说，六楼的房客告知她，一个女人在楼道里睡着了。因为在这幢楼的居民眼里，我的客户都是些疯疯癫癫的人，于是他们马上想到她是要来我家的。我对看门人说，如果她愿意的话，可以去看看。至于我，我原地不动，除非这个人要求见我。第二天早上，看门人告诉我昨天找到一个蜷缩得像婴儿一样的年轻女孩，这个女孩在得知已经是晚上九点时非常惊讶。下一次晤谈时，她没有对我提及这件事，之后也没提过。她肯定没敢下楼，并且希望以对我提出的保护为托辞，让我插手她所纠结的那些麻烦事。

这表明，在厌食症中，比在其他神经症中更为重要的是，精神分析家绝不要介入病人的现实。当然，我说的不是五六岁儿童的厌食症。在儿童厌食症的情况下，我们需要支持父母在这个时候必须给予孩子的阉割。通过医嘱，我在现实中插手了父母与孩子的关系。当然，我做的不仅仅是这个，但我也做这个。无论这些儿童或者青少年惹出什么样的麻烦，他们周围，以及治疗他们的医生——他们背着孩子给我们打电话——有什么样的干涉，我们都一定要顶住，并且这样说："我是精神分析家，很遗憾我什么也不能对您说，而且我会告知这位年轻人您的介入。也许他会来和您谈。至于您想要做什么，那是您的自由。"如果我们收到一封信，要以同样的方式告知来访者我们不会做出回应："您说的这些对我来说是绝对的职业秘密，我不会将您的情况外传。相反，您能够自己对父母说出您想要说的。我不会否认您所说内容的真实性。"这样做是非常重要的。无论在面对这些可怜的骨瘦如柴的人时，我们能够人性地感受到什么样的不安，我们都要清楚地知道，这些"骨架"贪婪地渴望着巨大而且经常无节制的活力。

我有过一两例这样的督导。这些精神厌食症患者在必须住院时，被全科医生或者家人送进了医院。在这样的情况下，我建议精神分析家去医院做剩下的晤谈，并扣除交通时间。我建议他们按平时晤谈的时间准时到。一位女精神分析家这样做了。非常奇怪，在这一天，她的病人，一个年轻女孩开始扮演疯子。厌食症患者不是疯子，而且很少模仿疯子，即使他们有时会耍一些癔症的把戏。也许是由于反击——面对这些癔症把戏时的反击，女孩的家人才将她送去医院的。这是些母女之间相当常见的冲突，摔碎东西，诸如此类。年轻的厌食症患者脱光衣服，将自己置于野蛮诱惑的场景中。这没什么美感，她瘦得简直皮包骨。她一边叫嚷着，一边从房间的一侧向另一侧扔东西。我曾叮嘱这位精神分析家要保持沉默，就像病人躺在精神分析躺椅上似的。她回来后对我说这太难了。护士因为病人的叫嚷进来了，而她自己由于不知道该做些什么，便离开了。我称赞了她。

之后，她又去了。这一次，女孩一边给她看她的后背，一边扔给她骂人的话。然后，她安静了下来。女孩出院后，分析正常开始，一切重回正轨。这个癔症插曲并不是真正的癔症，它意味着什么呢？在这个癔症状态中，真实的是这个年轻女孩入住医家的必要性。她不能再对自己负责，不再进食，并且以这样的方式使母亲感到苦恼。按理说，厌食症患者与母亲之间的纠纷比与和父亲的纠纷多得多，因为母亲是女性认同失败的第一负责人。即使父亲是成因的一部分，厌食症也是一场女儿与母亲之间的斗争，是生机勃勃的女儿与被觉得死气沉沉的母亲之间的斗争。（在我上面提到的个案中，母亲并没有被觉得死气沉沉的，被感受到的和被追寻的是存在于墓园坟墓间的母性安全感。）

我记得另一例很有意思的小女孩的个案。她八月入院，苍白，毫无血色，我十月初才见到她。她的前额、双颊、手腕都瘦得发青，绒毛似的头发一绺绺垂下。她那时的状态十分可怜。厌食症发作于三月她来例假的时候。月经从六月起就消失了。数次昏倒在路上之后，医生将她送入图索医院。她的三围尺寸惊人。在图索医院严格的监督下，她咽下人们给她的食物，并没有呕吐出来，可体重一点也没增加。她总是躺着，睡眠不错。她被限定在一种我们不知道如何使她走出来的状态中。

就这样到了十月十五日。她的入院时间是八月十五日。她亲切友善，被动消极，感到厌倦和无聊。和其他病人一样，探访于她而言是被禁止的。她希望有些和同学们一样的作业以及课本，但是医生禁止她起床、行走、阅读："您必须休息，一点点用力都会使您有生命危险。等恢复体重，您就可以出院了。"女孩虚弱得几乎发不出声音。我对她说我不会去房间里见她。向她解释完什么是心理治疗，我提议她来见我，如果她有这个愿望的话。图索医院的护士每周二早上将她裹在一床被子里带过来，因为她不能自己行走。她非常累。她对我证实说她不吐了，又说很害怕死去。她不知道自己为什么不再能吃东西了，"以前"她胃口很好（她总是说"以前"）。

我提议她每七天做一次心理治疗晤谈，工作方式如下：在医生允许的情况下，每天写半页文章。题材由她自己选择，然后我们一起探讨这些篇章。监护人员同意了，给了她纸张和铅笔。她带着作业回来了（在图索医院，我提议过一些孩子做这种类型的工作，他们写过"玩乐练习"的标题）。这些作业对她来说不是"玩乐"，然而却软化了医生所强加的闲散。她的虚弱使她无法大声说话，我问她是否希望我高声说话。面对她担心的表情，我问她我的实习生在场会不会让她感到不舒服。她不知道如何回答我，我决定用低沉的声音对她说话。在第一周的文章里，我数出了十四个"以前"。这是出现得最频繁的一个词，如同"光亮"和"美丽"。"以前"是父亲曾经做面包师的村庄，她在九岁时离开了那里。

然后，她同意我见她的母亲。母亲对我谈到了他们的迁居。那时他们离开了第一家面包店，并在十公里以外的地方买下了另一家面包店。小时候，这个女孩由村庄里的一位年轻女孩照看，后来她结婚走了。"她有点奇特，"母亲对我说，"可能对我女儿有影响。不过她很亲切友善。她的姐姐代替了她，但是这一位可就古怪了！"她加上了一句，表情怪怪的。"您说的'古怪'是指？""她很快乐，但是很容易激动。她在店里和跟孩子们在一起时都很友善，我们很喜欢她。"她还有一个女儿，比患厌食症的女儿小四岁。"您有没有觉得她的'古怪'涉及她带孩子的方式，而这些方式与您的想法背道而驰？""不，我不想说这个！在她之后，我没再请任何人。女儿们已经足够大了，能够留在学校食堂吃饭，我呢，就待在店里。"

接下来在见女孩父亲的时候，我问了他对带过孩子的两个年轻女孩的看法。他同意第一个女孩很有活力，并且把小朋友们照顾得很好。"另一个呢？"他眼睛瞪得像鸽子眼一样圆，完全不记得了！"我太太跟您谈过这个女孩？""对。她对我说她很快乐，有时候会有些激动，有点古怪。您呢？您是怎么认为的？""您知道，我有生意……孩子们都是我太太在照顾。我没太注意。""尽量回忆一下。我所了解到的是，您从女儿入院以来还没有探望过她。也许您可以看看她。""我没时间！""好像您每星期一会因为工作关系来一次巴黎大磨坊。那里离图索不太远。""您是这样认为的吗？父亲是用来做什么的？""但您不是对女儿毫不在乎吧？""当然不！反正我有我自己的想法。我很明白她是怎么了。她的问题是，她开始傲慢狂妄了。这应该是因为她爱上了我的男雇员，他参军去了。这位小姐在吃东西上装腔作势，我就对自己说：'就是因为这小子！'"父亲明显是自己爱上了这个小子，开始描述他。"这小子每周都寄明信片，上面写着'不忘小姐'……哦，他很恭敬，但是他们之间明显有什么事。我试着让她明白，这会发生在女孩身上。我试着让她明白，她是为了这样一份微不足道的爱情而让自己生病的。这小子现在还太年轻，但是稍晚些还是能做丈夫的。"

我感谢他撂下手上的工作来告诉我他的观点。他离开时向我保证会来看女儿。母亲在下一个周二回来见我。"您和我丈夫之间发生什么事了？""没什么大事。他甚至不记得带过孩子的年轻女孩的名字了，什么也没能对我讲。""是吗？但我可什么也没对您说！""没说什么？""他对我说您什么都知道了，说我全部都讲给您听了，说我是个婊子，说他要离婚。""这个我按说应该知道的'全部'是什么？"于是，她对我讲了事情的始末。一天她出门进城，因为忘了些东西又回来了，然后在床上发现了丈夫和年轻保姆。由于丈夫和妻子非常相爱，不难想象在争吵之后，他们在枕边又重修于好了。那个女孩则被解雇了。她刚刚离开没多久，他们就听说她要结婚了，就在两个月之后，结婚对象是村里作为他们竞争对手的面包师。他们订婚已经六个月了。孩子们不明白为什么克雷芒蒂娜被解雇了，而全村人都知道她要结婚了。她们想要去参加婚礼，父亲当然不愿意，并且突然禁止说任何关于克雷芒蒂娜的话。在此之前，她一直分享着她们的生活，甚至在放假的时候把她们带去自己家。住院的女孩那时八岁。父亲由于不能承受这份侮辱，举家搬迁到邻村，拿下了一家更大的面包店，划掉了这段往事。

女孩在新的班级里变得极其出色，但也变得只对学校感兴趣。对此，她的父母并不在意。母亲说："这个孩子喜欢学校！"女孩想要成为"女教师"①。之后她进了中学。她是在上初二之前的那个夏天紧急入院的。

现在让我们重返同一年的三月。这个时候，外公来了。外公是个鳏夫，经常轮流去不同孩子的家里。这次他准备来女儿家里待几个月。在饭桌上，母亲总是跟在拒绝吃饭的小女孩"后面"。别忘了，这个小女孩口头禅是"以前"（avant）②。外公支持外孙女，说："随她去吧，她吃得够多了！母亲们总是想要女儿胖乎乎的，好去讨男孩子喜欢！"母亲说："你会变丑的，你太瘦了。"女孩一心只想着学校，坚持说不吃了。当母亲强迫她吃的时候，她就呕吐。母亲对学校大发雷霆，而父亲的愤怒是因为饭桌上的是是非非。外公对他女儿说："我认不出来你

---

① 多尔多提醒，要注意该词的两个意义。法语里的"maîtresse"（女教师）一词也有"情妇"的意思。——译者注
② "avant"也可被译为"前面"。——译者注

了。以前，你们家很舒服。现在，这里就是个地狱。"外公提早离开了。八月初，女孩晕倒在街上。家庭医生让救护车将她送到图索医院。以上就是这位母亲对我讲述的，同时透露了小女孩说的"以前"指的是哪一段幸福时光。

"以前，我想象的巴黎——对于巴黎，她只认识图索医院——有着美丽的灯光。在巴黎，到处都有灯笼。但因为我在图索医院，所以看不见巴黎的灯笼。"她口中的巴黎就像一个七月十四日举行大型庆典的村庄。"是谁告诉你巴黎是这个样子的？""是阿尔贝蒂娜和克雷芒蒂娜，在她们一起去庆典的时候。""你记得她们？""是的。我没能去参加克雷芒蒂娜的婚礼。"她还加上了一句怪话："但不能说这个，这是个秘密。""为什么不能说？""这不是可以对孩子们说的事。""但您已经不再是孩子了，您长成了年轻女子。"（我用"您"来称呼她，向她表示她的成长。）正是如此，我了解到这个女孩在年轻的保姆离去时遭受到巨大的情感震荡。

另一次，我对她说："您的母亲给我讲述了关于克雷芒蒂娜的这段悲伤往事，她给您父母耍了个不光彩的花招。"她立刻丢出一句："对，因为她没有说她已经订婚了。"我警惕着没对她讲更多，因为她好像并没有了解得更多。"对我和妹妹也是，她也对我们隐瞒了。这不好，我们那时就像她的家人一样。"她为不知道克雷芒蒂娜已经订婚而恼火。在她眼里，也是这个原因让她的父母非常恼火，决定不去参加婚礼的。

病人在一个接一个的周二，通过克雷芒蒂娜的悲剧对我讲述她女性认同中断的往事。在这期间，就她的身高来说，她恢复了正常体重，出院在即。她非常希望在圣诞节出院。医生由于担心复发，不想让她出院。我通过一名看护，成功地让她的一位女同学住在巴黎的奶奶给她带来了课本，附有第一季度的大纲，使她能够了解这些内容，以便在第二季度重返高中。我觉得对这个把学业放在正位的孩子来说，不让她因为住院而荒废学业很重要。由于体重增加，而且学习的劳累并没有妨碍她体重的持续上升，医生也就同意了出院。科室里的一名看护在照管这些事情，因为我不愿意介入女孩的现实生活。医生同意她圣诞节出院，只要我愿意做一份批准证明授权于他。女孩求我做一份。我回答她，要由她自己使医生做出让步，我不会代替她去做这件事。我们是在一起工作的，她与我一起寻找她的欲望的意义，帮助她通过自己的能力去获得那些她所希望的东西。她在圣诞节结束后才离开医院，而且必须每十五天回科室监测体重。她回来了三四次，情况很好。她来看过女看护，但是我没再见过她，因为我的咨询日与她的日程安排凑不上。一年后，我们得到了一些证实她痊愈的消息。她的月经回来了，头发也长出来了，指甲重新变柔韧了。

以上就是一个严重的厌食症案例，而且是几乎致命的厌食症。日常的书写让患者的无意识信息得到了释放。让我找对途径的是"以前"这个词的重复，也是年轻女孩感觉到母亲在她"后面"时产生的焦虑。这些"以前"对应于这样一个时期：幸福地认同于两个保姆，并且幸福地认同于母亲（这些旁侧女性形象与母亲之间不存在断裂）。对母亲的欣赏是由于她的美丽，她的生育能力，以及她是父亲的妻子。这个孩子通过两个不同的人建立起她的俄狄浦斯期：女性和爱欲这一部分，是年轻女孩带给她的；智慧方面，是母亲带给她的，母亲掌管着面包店的账目。对"以前"，女孩只保留着一份模糊的记忆。她更容易回忆起妹妹出生前的那个时期。母亲第一次与我见面，谈到搬家时只是交待了一些很寻常的对保姆的印象。在我与她丈夫会面之后，危机来了。"幸亏我们很相爱。他对我非常恼怒，直到终于明白我的确什么也没对您说。"这个要被保密的"说"涉及的是丈夫的外遇和外遇的证据：对于他们三人来说，克雷芒蒂娜代表了证据。

母亲自愿回来见了我几次，放心了。对于她向我吐露的事情，我什么也没对她女儿说。她与我试着去理解，她丈夫的猜测源于什么。这个猜想是幸运的，他猜"我什么都知道了"。我那时确实非常惊讶于他不记得一个帮了他们那么久的人的名字，也惊讶于他发表的一段关于假设出来的爱情的长篇大论。在他的猜想中，女儿爱上了一个去参军的男孩。我只是听他说而已，而这位父亲确实有必要将女儿的情感紊乱联想到一段爱情故事上。

他的女儿？确实。他忘掉名字的年轻保姆，那时在年龄上可以做他的女儿，而且在嫁给他事业上的竞争对手时给了他当头一棒。她在与他们中的一人交往的同时，又是另一人的情妇。在提到这位年轻保姆时，情感剧烈的起伏使他以为妻子对我讲了他们夫妻的故事。然而，正是凭借这个冲突，在经历了不和以及分手的可怕威胁之后，这对男女反而更加依恋彼此了。他们之间没有残存任何后遗症，反而是女儿在女性性发展过程中承载了这些痕迹。我们并不能预测这个刚好发生在进入潜伏期之前的关系破裂给孩子的女性理想自我带来的影响。要到婚龄时，她属于女性的这些摧毁性潜能才会被重新激活。这是我见过的年轻女孩厌食症中最严重的案例之一。厌食症在几个月之内变得破坏性十足，几乎致命。这里有新陈代谢的紊乱，因为入院以来，在没有呕吐的情况下，女孩的体重在缓慢而持续地下降。食物经过了她的身体，但没有被吸收。从治疗初期开始，在饮食分配不变的情况下，她的体重曲线图开始呈上升趋势。可以说，全面性康复来得很快。父亲—母亲—女儿三重奏的情感代谢也发生了突变。所有的神经症都关乎一些由于误解而过早中断的爱的故事。突然分离之后，只有真正道别的话语支持才能避免神经症。这些突然的分离发生在孩子与对他而言很重要的人之间，这些人到孩子至少八岁时一直支持着他的成长。

我们一开始时讲到的幼儿厌食症是没有肉体上的实际危险的。案例中的幼儿厌食症源于一个禁忌，这个禁忌妨碍了孩子在这场力比多之战中赢取自身独立。对善于照料人的母亲的认同——我们将这个内摄称为自动进行母育的能力——会把人引向俄狄浦斯期，并且引向与父亲的关系。这些关系带来的结果是父性内摄，其形式是自动进行父育。之后，当俄狄浦斯期冲突到来的时候，为了避开其中的苦恼折磨，孩子会设法给父母在一些二元关系中设陷阱。他在一些权力关系中设陷阱，把关于他的权力关系搞乱，从而避免接受和承担情感与生殖竞争的处境。

后青春期的厌食症源于死亡欲望的激活。这是些与赢取女性身份相关联的死亡欲望。对女性生殖欲望的否认与口腔需求产生共鸣，女性生殖欲望通过压抑和转移被否认了：对阴道区域愉悦的压抑被转移至口腔区域，因为这两个爱欲区域相对于提供满足的部分客体来说是向心性冲动之地（对食物的口腔欲，食物相当于来自外界的部分客体，是要被吞服的客体；阴道欲，对应着被渴望着的男人的阴茎这一部分客体）。对整体客体的自我认同，即俄狄浦斯童年时期的理想自我仿佛是被禁止的，原因还有待探索。

在厌食症中，就好像欲望的主体由于与明显被性化①了的生殖冲动不协调，而被一些无法言说的或无法被充分表达的欲望充斥着。欲望主体与性化生殖冲动的协调性，凭借的是一个由身体代表的自我。就这样，他（主体）尝试借助于退行。他在孩提时正是通过这些方式被他人理解的。但是，因为这些方式现在被证实无效，不再适合去表现他的欲望，或者不适合让他去承担起这个欲望，所以主体好像决定屈服于死驱力，将死亡的驱力与生的驱力分解开来。自我—超我的联盟

---

① 　正是这一主体与生殖冲动之间的协调性赋予了语言以及人类作品充分的意义。

成为一个伪联盟。不再有生的欲望，也不再有俄狄浦斯式的罪恶感。

　　一切感官（层面上的）渴望，无论何种组织程度也无论（处于）哪个爱欲区域，都会产生共鸣（在以下两种情况下）：当这个渴望关系到具有男性生殖性的积极驱力时，以及当这个渴望涉及具有女性生殖性的被动驱力时。可以说，被主体编排的感官（层面）渴望的缺失不仅允许积极驱力，也允许被动驱力进入睡眠状态。这些驱力都被无意识地联系于爱欲器官的性意义上。于是，自我作为剩余被缩简为自恋。它是维持生命所必需之愉悦的剩余，植物性愉悦的剩余，器质性愉悦的剩余。这个自我在致命的禁食中是没有焦虑的，因为没有负罪感。这似乎是一个退行，其中享乐应该是一种减弱的原因——这是一个自我—身体生命进程的减弱。享乐也应该是主体之安宁的原因，主体与自我分解开来，也与本我分解开来。这样一个进程能够在主体那里没有死亡形象的情况下，把主体引向身体的死亡。

　　面对严重的厌食症，精神分析与医药治疗着重点不同。医药治疗力求的是支援躯体（自我的基座），为了让躯体存活，而以填鸭式以及强制性地维持生理交换的方式来支援身体；精神分析治疗只能支持主体，这个主体在言说着他的无—欲。精神分析帮助患者做澄清性的工作，从而理解导致他焦虑性地依赖家庭、社会，甚至要走心理医疗救助弯路的过程。精神分析家只能信任主体的言说。精神分析家要与说话的主体达成联盟，而完全不去管他的"行动"以及他在身边惹出的事。如果说这些

"行动"属于病人，那是因为他对其他人来说是"物"，甚至对自己来说也是"物"。相反，精神分析家要在言说中倾听这位见证者。他见证了已成过往的一段时间与一个空间（他的身体）。在移情当中，主体的话语重新赋予半成品生命。这个半成品是一个过期失效的自我被中断了的雏形。他才是他的身体的艺术家，而这个身体的雏形曾经被他弃之不顾。当病人在对精神分析家重复那些考验的时候，他自己的言说让他听到这个工具，也就是他的身体，背叛了他。这是一个在肉体中生存的工具，表达欲望的工具。这些欲望不仅是肉体的欲望，而且是精神之间相遇的欲望，愉悦的微妙互通的欲望。这个工具——身体——背叛了他。身体作为语言的中介，为了有待解密的原因，在某一天被认为不适合这个主体的交流规划。主体承受了这个自我—身体的考验。自我—身体在其变化发展中停滞了，被忽视了，被遗忘了。有时，一个过于巨大的断层在他的欲望和自我—身体之间凹出，在这个空间与时间的交汇处，人体被注册成"物"。

正是象征化的缺乏使得这些为了我们的自恋而必不可少的进程占据了舞台的前端。失去活力这一进程也完全一样。我在这里所谈的是自恋的无意识这一部分，是没有病态症状的人，无论是在清醒时还是在睡眠中，都在器官的沉默中享受着的一部分。有一句谚语是这样说的：睡者必食。正是这一个自恋的享乐在指挥着爱欲区域入眠。厌食症患者真心实意想要的，是妨碍这个享乐存在于他们身上。这是他们固执地追寻着的。更有甚者，在厌食症患者这里，欲望窥伺着这份可能会由过早死亡引发的安宁——他不相信死亡，不相信生命，也不相信生命可能会带给身体的愉悦。除了他想要表达的，别的什么都不重要。

无论多大年龄，也无论症状多严重，厌食症都只出现在人类身上，并且最常出现在女性身上。在女性这里，沟通、创造、思想以及情感的愉悦高于对基本消耗的满足。

Séminaire de psychanalyse d'enfants Tome2
Edition réalisée avec la collaboration de François de Sauverzac
ⓒ Editions du Seuil，1985
北京市版权局著作权合同登记号：图字 01-2016-1816

图书在版编目(CIP)数据

儿童精神分析讨论班·第 2 卷/(法)弗朗索瓦兹·多尔多
著；(法)冉-弗朗索瓦·德．索威尔扎克编辑整理；邓兰希，
向文乙译．—北京：北京师范大学出版社，2021.4
（心理学经典译丛·法国精神分析）
ISBN 978-7-303-26251-9

Ⅰ．①儿…　Ⅱ．①弗…　②冉…　③向…　④邓…
Ⅲ．①儿童—精神分析　Ⅳ．①B844.1

中国版本图书馆 CIP 数据核字(2020)第 158180 号

营　销　中　心　电　话　010-58807651
北师大出版社高等教育分社微信公众号　新外大街拾玖号

ERTONG JINGSHENFENXI TAOLUNBAN DIERJUAN
出版发行：北京师范大学出版社　www.bnup.com
　　　　　北京市西城区新街口外大街 12-3 号
　　　　　邮政编码：100088
印　　刷：北京盛通印刷股份有限公司
经　　销：全国新华书店
开　　本：890 mm×1240 mm　1/32
印　　张：8.25
字　　数：171 千字
版　　次：2021 年 4 月第 1 版
印　　次：2021 年 4 月第 1 次印刷
定　　价：68.00 元

策划编辑：周益群　　　　　责任编辑：梁宏宇
美术编辑：丛　巍　　　　　装帧设计：李向昕
责任校对：康　悦　　　　　责任印制：马　洁